润滑油纳米磺酸钙镁
复合清净剂合成

梁生荣　著

中国石化出版社

内 容 提 要

本书针对目前润滑油纳米金属清净剂向高碱值、低灰分、多功能、环保型方向发展的趋势，研究了纳米磺酸钙镁复合清净剂的合成过程。本书首先介绍了润滑油纳米金属清净剂的研究进展及其性能的测试方法，其次对磺酸钙镁复合清净剂及磺酸水杨酸混合基质钙镁复合清净剂的合成工艺及影响因素进行了考察，并对产品性能进行了评价和对比，最后对磺酸钙镁复合清净剂的合成机理及过碱度化反应动力学进行了考察，为开发新的高碱值、低灰分、多功能、环保型纳米金属清净剂提供了理论依据。

本书可供从事润滑油添加剂生产的人员使用，也可供从事润滑油及润滑油添加剂研究的科研工作者参考。

图书在版编目(CIP)数据

润滑油纳米磺酸钙镁复合清净剂合成/梁生荣著.
—北京:中国石化出版社,2019.6
ISBN 978-7-5114-5361-7

Ⅰ.①润… Ⅱ.①梁… Ⅲ.①石油添加剂 Ⅳ.
①TE624.8

中国版本图书馆 CIP 数据核字(2019)第 127417 号

中国石化出版社出版发行
地址:北京市朝阳区吉市口路 9 号
邮编:100020 电话:(010)59964500
发行部电话:(010)59964526
http://www.sinopec-press.com
E-mail:press@ sinopec.com
北京富泰印刷有限责任公司印刷
全国各地新华书店经销
*
710×1000 毫米 16 开本 11.75 印张 201 千字
2019 年 9 月第 1 版 2019 年 9 月第 1 次印刷
定价:59.00 元

前　言

润滑油清净剂是伴随内燃机的技术进步发展起来的，内燃机性能的不断提高对所用润滑油的要求也越来越高，不仅要求润滑油具有良好的润滑作用，而且要求润滑油具有良好的高温清净性、低温分散性、抗氧化性、抗腐蚀性、极压抗磨性等性能；而润滑油基础油本身的这些性能较差，达不到要求，为此，就需要在润滑油基础油中加入各种添加剂来提高润滑油的这些性能。润滑油清净剂就是为了提高润滑油的高温清净性和低温分散性而发展起来的一种润滑油添加剂。

内燃机油在润滑油中的用量约占半数，而清净分散剂又是现代各种内燃机油的主要添加剂，占润滑油添加剂总量的 30% 以上，它们能有效地中和内燃机油在使用工况下不可避免地生成的有害无机酸和有机酸，并可吸附在固体颗粒上，使其胶溶于润滑油中，从而达到减缓油品衰败、维持油品使用寿命、防止发动机腐蚀、保持清净性的目的。特别是进入 21 世纪，人们日益重视效率、节能和环保，政府也制定了相关的条例对润滑油提出更高的要求；同时内燃机技术日新月异，发动机向小型化、大功率、高速度方向发展，其工况日益苛刻，这就需要各种使用性能更好的润滑油。所有这些均促使内燃机油质量档次的更新换代加快，而这又需依赖其基础油和添加剂复合配方的及时改进来保证。其中，作为主要添加剂组分的金属清净剂又扮演了十分重要的角色。

目前，润滑油所使用的金属清净剂主要是钙和镁的磺酸盐、烷基水杨酸盐和硫化烷基酚盐，其中磺酸盐用量占润滑油金属清净剂用量的 50% 以上。现阶段，金属清净剂的发展方向主要是研制超高碱值、低灰分、多功能、环保型产品。

磺酸盐作为目前用量最大的一类润滑油清净剂，其用作润滑油清净剂的主要是磺酸钙和磺酸镁，而在实际应用过程中，磺酸钙使用较多的是其低、中碱值产品，磺酸镁使用较多的是其高碱值产品。磺酸钙的优点在于其清净分散性强，磺酸镁的优点在于其灰分低、碱值高、酸中和能力强。且因镁盐与钙盐复配使用具有协同作用，所以现今高档的内燃机油大多采用钙盐与镁盐复配使用，以达到最佳使用效果。

钙盐比镁盐清净分散性好是因为钙的金属性比镁强，因此其正盐所形成胶团的清净性和分散性好；镁盐比钙盐灰分低、碱值高、酸中和能力强是因为镁的相对分子质量比钙小。对于纳米磺酸盐清净剂而言，其清净分散性的好坏是由磺酸正盐的性质决定的，而其碱值及灰分的高低主要是由过碱化部分(即胶粒中金属碳酸盐及少量金属氢氧化物)的多少决定的。结合钙盐和镁盐的特点，若正盐采用磺酸钙、过碱化部分采用碳酸镁，则可得到清净分散性好且灰分低、碱值高的润滑油清净剂。纳米磺酸钙镁复合清净剂就是考虑到钙盐和镁盐的优点，先合成磺酸钙正盐，再将碳酸镁以纳米级粒子分散在其中，可得到兼具钙盐和镁盐优点的磺酸钙镁复合清净剂。此外，纳米级碳酸钙和碳酸镁胶粒本身具有较好的抗磨作用，因此，所得到的纳米磺酸钙镁复合清净剂不仅清净性好、碱值高、灰分低、酸中和能力强，而且具有较好抗磨性能，是一种多功能型的润滑油清净性产品。

本书以石油磺酸铵为原料，对影响纳米磺酸钙镁复合清净剂合成的主要因素进行了详细研究，优化了不同分子量石油磺酸铵合成纳米磺酸钙镁复合清净剂的物料配比和工艺条件，研究了产品组成及结构对其性能的影响，并对纳米磺酸钙镁复合清净剂的合成机理和碳酸化反应动力学进行了初步研究，为合成高碱值、低灰分、多功能性的润滑油清净剂提供了依据。此外，结合在实际应用过程中磺酸盐与水杨酸盐经常复配使用，而水杨酸盐具有良好的清净性和抗氧化性，同时水杨酸盐是一类无硫环保性润滑油清净剂，本书还研究了磺酸水杨酸混合基质钙镁复合清净剂的合成工艺及产品性能，为进一步提高纳米钙镁复合清净剂的性能提供了依据。

本书获"西安石油大学优秀学术著作出版基金"资助，作者在此表示感谢。

由于作者水平有限，疏漏和错误之处在所难免，敬请读者批评指正。

目 录

第1章 绪 论

润滑油清净剂是伴随内燃机的技术进步发展起来的，内燃机技术的不断提高，对润滑油的性能提出了越来越高的要求，不仅要求润滑油具有良好的润滑作用而且必须具有良好的清净分散性、酸中和性、抗氧化性、抗腐蚀性、抗磨性等。润滑油基础油本身无法满足这些要求，为了提高润滑油的性能，就需要在润滑油基础油中加入各种不同类型的添加剂。润滑油清净剂就是为了提高润滑油的清净分散性能、酸中和性能而发展起来的一类润滑油添加剂[1-2]。

润滑油清净剂始于 20 世纪 30 年代中期，当时新开发的较大功率的中速柴油机在使用时经常出现活塞沉积物较多，造成发动机粘环无法正常工作，人们通过在润滑油中加入油溶性有机酸盐使这一问题得到了较好的解决，这种油溶性有机酸盐就是最初的润滑油清净剂。此后，随着内燃机材料、性能及润滑油基础油的不断变化，润滑油清净剂得到了快速发展，研制和开发出了多种类型润滑油清净剂。20 世纪 40 年代初，逐渐通过研制筛选出迄今仍在广泛使用的现代润滑油清净剂：磺酸盐、酚盐、水杨酸盐、环烷酸盐等。进入 20 世纪 50 年代后，由于更高功率的增压柴油机的推广应用和大功率船用柴油机普遍燃用高含硫燃料，造成活塞积炭增多，缸套腐蚀磨损趋于严重。为解决新出现的问题，人们成功研制出了"过碱度"金属清净剂（即润滑油纳米清净剂），使这一问题得到了很好的解决[1]。进入 21 世纪，效率、节能和环保受到了人们的日益重视，政府制定了相关的条例对润滑油提出更高的要求，同时内燃机技术日新月异，发动机向小型化、大功率、高速度方向发展，其工况日益苛刻，也需要各种使用性能更好的润滑油[3-6]。所有这些均促使内燃机油质量档次的不断提高，加快了内燃机油的更新换代速度，而这又依赖润滑油基础油及其添加剂性能和各种添加剂的复合配方的及时改进来保证。其中，作为主要添加剂组分的纳米清净剂又扮演了十分重要的角色。

现今内燃机油用量约占润滑油总用量的一半以上，而清净剂作为现代各种内燃机油的主要添加剂[3,4]，它们能有效地中和燃料燃烧及内燃机油在使用工况下不可避免地生成的有害无机酸和有机酸，并可通过胶溶和增溶作用使所生成的油泥及固体颗粒较均匀稳定地分散在润滑油中，从而达到减缓油品衰败、维持油品使用寿命、防止发动机腐蚀的目的。润滑油所使用的清净剂主要是钙和镁的磺酸盐、硫化烷基酚盐、烷基水杨酸盐、环烷酸盐等[1-4]，其中磺酸盐用量占润滑油清净剂总用量的60%以上。而各种润滑油清净剂各自具有不同的优点[7,8]，在实际应用时常采用多种清净剂复配的形式使用，以提高润滑油的综合性能[1,3,9-12]。现阶段，在润滑油清净剂的研究方面，除不断提高清净分散性外，还向超高碱值、低灰分、多功能、环保型产品的方向发展[13-15]。

虽然各种润滑油清净剂在实际应用过程中常采用复配的形式使用，但对其在制备过程中直接合成出复合清净剂的研究较少[16,17]，因此，纳米磺酸钙镁复合清净剂的成功制备不仅可得到兼备钙盐和镁盐优点的低灰分、多功能、环保型润滑油清净剂，而且还可解决钙盐镁盐在调和时出现的各种问题，从而满足润滑油及燃料油不断发展的需求[1,3]。

1.1　润滑油纳米清净剂结构及作用

1.1.1　纳米清净剂的组成结构

大量研究表明[1,7,18-26]，润滑油纳米(过碱度)清净剂是由表面活性剂(有机酸正盐)、金属碳酸盐和一定量的油溶剂形成的稳定的胶体分散体系。其胶体的核心是由金属碳酸盐及少量金属氢氧化物构成的无机纳米粒子(15%～40%)，这些无机纳米粒子被油溶性表面活性剂(20%～45%)包裹，形成稳定的反相载荷胶团分散在油溶剂中，而这种胶团粒子的粒径一般应小于80nm，且粒度分布要均匀，以保证纳米清净剂具有较好的稳定性和使用性能，纳米清净剂胶体结构如图1.1所示[18]。

纳米清净剂胶体分散体系中的油溶剂通常均为润滑油基础油，表面活性剂是经筛选得到的适合于制备润滑油清净剂的有机酸的金属正盐，而以

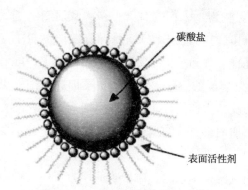

碳酸盐

表面活性剂

图1.1　纳米清净剂胶团结构模型

载荷胶团形式存在的无机纳米粒子也是经筛选得到的适合于制备润滑油清净剂的金属碳酸盐(含少量金属氢氧化物)，这些无机纳米粒子构成了润滑油纳米清净剂的过碱性组分，因其在使用过程中可中和燃料燃烧及内燃机油氧化生成的无机酸和有机酸，也将其称作纳米清净剂的"碱性贮备"。所谓有机酸金属正盐是指纳米清净剂内的金属的含量恰好等于中和其有机酸根所需金属的量；过碱性组分是指纳米清净剂内金属含量超过中和其有机酸根所需金属量的金属盐，这种过量的金属的碱性组分包括与有机酸金属正盐络合的部分和与有机酸金属正盐形成胶团的部分，后者大部分以碳酸盐的胶态微粒存在。因此，润滑油纳米清净剂的化学组成可表示为：

$$\text{润滑油纳米清净剂}\begin{cases}\text{有机酸金属正盐(表面活性剂)}\begin{cases}\text{极性基团：有机酸官能团}\\\text{非极性基团：烃基……}\end{cases}\\\text{过碱性组分(无机纳米粒子)：金属碳酸盐及其氢氧化物等}\\\text{油溶剂}\end{cases}$$

润滑油纳米清净剂是一种兼含亲水的极性基团和亲油的非极性基团的双性化合物，其中极性基团包括有机酸官能团和碱性组分，碱性组分又包括有机酸金属正盐和过碱性组分，非极性基团基本上是具有各种不同结构的烃基。其中非极性基团和有机酸官能团合称为纳米清净剂的基质。因此，纳米清净剂的化学组成也可表示为：

$$\text{润滑油纳米清净剂}\begin{cases}\text{极性基团}\begin{cases}\text{碱性组分}\begin{cases}\text{过碱性组分：金属碳酸盐及其氢氧化物等}\\\text{有机酸金属正盐}\end{cases}\\\text{有机酸官能团}\end{cases}\\\text{非极性基团：烃基……}\\\text{油溶剂}\end{cases}\bigg\}\text{基质}$$

在现代润滑油中，由于无灰分散剂能够很好地提高润滑油的分散性能，纳米清净剂虽可提高润滑油的分散性、防锈性、抗磨性等，但其主要作用是提高润滑油酸中和能力和清净性，而纳米清净剂对润滑油酸中和能力的提高是其他润滑油添加剂无法替代的。纳米清净剂的酸中和能力主要是由其所含过碱性组分提供的，过碱性组分的化学组成、晶型、粒径等对纳米清净剂的使用性能均有影响[1,20,21]。在过碱性组分中，虽然氢氧化物较碳酸盐的碱性强些，但遇少量水分即易形成氢键缔合，引起胶冻现象，可使纳米清净剂的稳定性变差，且其对润滑油的氧化具有一定的催化作用，也会影响润滑油中某些抗氧剂的作用；因此，一般说来，碱性组分中应尽量减少金属氢氧化物的量，提高金属碳酸盐的量，保证其碱性组分以碳酸盐为主。润滑油纳米清净剂的酸中和能力通常采用总碱值（total base number，简称 TBN）来衡量的，单位为 mgKOH · g^{-1}，指中和 1 克纳米清净剂产品所需酸的量，以其等物质量的 KOH 毫克数来表示。碱值也可间接反映出纳米清净剂中过碱性组分的相对含量。

在研究纳米清净剂的组成结构方面，由于纳米清净剂的组成结构较为复杂，到目前为止，还没有形成一种世界公认的、能全面反映纳米清净剂组成结构的测试方法。随着现代测试仪器的发展和人们不断地研究和探索，也形成了一些在一定程度上能够反映纳米清净剂组成和结构的测定方法。

在测定纳米清净剂的载荷胶团胶粒粒径方面，目前，国外多采用小角度 X 射线散射（SAXS）和小角中子散射（SANS）等方法来测定[7,18,27-32]，通过该方法即可测定出纳米清净剂胶核（无机纳米粒子）的粒径，也可测定出表面活性剂层的厚度；国内普遍采用冷冻蚀刻透射电镜法测定清净剂胶粒的粒径[20,33]。由于纳米清净剂中的胶粒大小不完全相同，胶粒也不完全是球形结构，因此，测试结果通常按平均粒径或平均粒度（即质量平均当量粒径）来表示。

在测定纳米清净剂胶核中金属碳酸盐和金属氢氧化物含量方面，张景河等[19]通过测定纳米清净剂的中和滴定曲线，根据滴定曲线上出现的一处明显的拐点和一处不太明显的拐点，不仅证明了胶核内除含有金属碳酸盐外还含有金属氢氧化物，并且根据拐点的位置不同可粗略计算出纳米清净剂中金属碳酸盐和氢氧化物的相对含量；经过对大量不同类型清净剂中和滴定曲线的测定发现，金属镁盐清净剂中的氢氧化镁含量相对较高，其对碱值的贡献占清净剂总碱值的20%～30%；而金属钙盐清净剂中的氢氧化钙对碱值的贡献只占清净剂总碱值的5%左右。周亚斌等[34]利用 X 射线光电子能谱对烷基水杨酸钙盐和烷基水杨酸镁盐清净剂的组成进行了分析，证明烷基水杨酸钙中含有碳酸钙和氢氧化钙，烷基水杨酸镁中含有碳酸镁和未知镁化合物，并通过计算得到了各化合物的相对含量。另外，还可通过测定纳米清净剂在酸中和反应时放出的二氧化碳的量及纳米清净剂总碱值来计算出清净剂中金属碳酸盐和氢氧化物的相对含量[35]。虽然人们通过不同的方法对纳米清净剂胶核的组成进行了测定，但到目前还没有形成一种公认的能准确测定纳米清净剂胶核组成的方法，因此，对其测定方法还有待于进行更进一步的研究。

纳米清净剂胶核中金属碳酸盐的晶型不同，清净剂的性能也存在一定的差别；因此，人们对纳米清净剂胶核中金属碳酸盐的晶型进行了不断研究。Bearchell 等[36]对各种纳米钙盐清净剂中碳酸钙的晶型进行了研究，认为其晶型主要有方解石、霰石、无定型等晶体结构，其中方解石是菱形晶体结构，而霰石是正交晶体结构。Cizaire 等[37]利用能量过滤透过式电子显微镜（EFTEM）、X 射线光电子能谱（XPS）、X 射线吸收近边结构谱（XANES）、飞行时间二次离子质谱（ToF-SIMS）等方法研究了纳米磺酸钙清净剂，证明纳米磺酸钙清净剂反胶团的核心存在氢氧化钙，认为氢氧化钙位于胶团核心的外围，如同一个外壳将碳酸钙包围在壳内；由于氢氧化钙的存在，胶核的晶型多为无定形结构。对于纳米清净剂胶核的晶型可通过红外光谱来判别[38]。

1.1.2 纳米清净剂的分类

润滑油纳米清净剂可根据其化学组成的不同分为不同的类型，目前，纳米清净剂主要是通过其所含基质（有机酸官能团及烃基链）的不同、金属的不同和碱值（TBN）的不同三种方法进行分类。

① 按照基质的不同[1,4,39]，纳米清净剂可分为磺酸盐（包括石油磺酸盐和合成磺酸盐）、硫化烷基酚盐、烷基水杨酸盐、环烷酸盐、羧酸盐、磷酸盐、硫代磷酸盐、混合酸盐等（如环芳烃与硬脂酸混合酸盐）。

② 按照金属的不同，纳米清净剂可分为钠盐、钾盐、镁盐、钙盐、钡盐等。

③ 按照碱值（TBN）的不同[1]，纳米清净剂可分为低碱值清净剂（碱值小于 $100mgKOH \cdot g^{-1}$）、中碱值清净剂（碱值约为 $150mgKOH \cdot g^{-1}$）、高碱值清净剂（碱值约为 $300mgKOH \cdot g^{-1}$）、超碱值清净剂（碱值接近 $400mgKOH \cdot g^{-1}$）。

通过多年的应用和不断地研究及筛选，现今，实际使用最多的纳米清净剂主要是钙和镁的磺酸盐、硫化烷基酚盐、烷基水杨酸盐、环烷酸盐；另外，钙盐实际使用最多的是其低碱值、中碱值产品、镁盐实际使用最多的是其超高碱值产品[1,3,4,40]。

1.1.3 纳米清净剂的作用

1.1.3.1 内燃机中沉积物的形成[1]

内燃机中的沉积物包括在活塞表面生成的漆膜和积炭等高温沉积物以及在润滑油中形成的"油泥"等低温沉积物。高温沉积物会造成发动机出现粘环、腐蚀磨损加剧、导热性变差等现象，从而加速润滑油的变质、缩短换油期、降低发动机功率及寿命、增加燃油耗量；低温沉积物会造成油路的阻塞，影响发动机的正常工作。

活塞表面的漆膜和积炭等高温沉积物的来源主要有：

① 润滑油高温氧化生成的非油溶性含氧物或胶质；

② 燃料不完全燃烧生成的非油溶性含氧物或胶质，以及烟灰等随窜气进入油膜而到达活塞表面。

当不溶于油的胶质吸附沉积在活塞表面上，就会形成"琥珀色漆膜"，而当胶质中含有较少量悬浮的烟灰时，其沉积在活塞表面上就会形成"黑色漆膜"，当烟灰量很大，就会成为被少量胶质黏合的"积炭"而沉积在环槽内（积炭中也有很少量是由胶质进一步反应缩合而形成）。

胶质的化学组成及结构非常复杂，一般认为其为多官能团物质，大多呈现酸性，不仅与其他极性物质之间具有较强的吸引力，容易形成较大的微粒而沉淀，而且也容易吸附于金属表面，造成金属的腐蚀。不同润滑油基础油生成的胶质，其结构、特性和生成量也不完全相同；但润滑油中的添加剂、发动机温度和燃料含硫量对胶质的组成结构、特性及生成量影响更大。温度越高，润滑油的氧化速度越快、氧化深度越深，胶质生成量越大。燃料含硫量的影响较为复杂，它是通过燃烧生成的 SO_2、SO_3 起作用的，其过程如下所示：

$$RH \xrightarrow{\ O_2\ } ROOH（过氧化物）$$

$$ROOH \xrightarrow{\ SO_2,\ H_2O\ } ROH + H_2SO_4$$

$$ROOH \xrightarrow{\ H_2SO_2\ } R_2CO（羰基化合物）$$

$$R_2CO \xrightarrow{\ H_2SO_2\ } 胶质$$

在 L-1 型柴油机试验中发现，当燃料硫含量由 0.4% 升高到 1% 时，沉积物的量会增加一倍。

高温沉积物中的胶质的主要来源与润滑油及燃料质量、燃料的燃烧情况以及发动机的工况等因素有密切的关系，当燃料质量较好时，润滑油氧化产物是其主要来源（如以示踪原子研究彼待 AV-1 柴油机沉积物，发现胶质的 90% 是来自润滑油），而当燃料质量较差时，则燃料就成为胶质的主要来源。燃料燃烧不充分、发动机的工作条件越苛刻（如大功率、高转速、高压缩比等发动机），都会增加胶质的生成。

另外，高温沉积物中的烟灰通常是由燃料烃分解缩合而来的，其中氢含量较少，一般在1%左右，另外还含有一定量的氧和硫。烟灰多为球形，其微粒粒径通常在几十个纳米以内。烟灰具有很高的表面能，相互间有强引力，呈聚集状态存在，与其他极性物也可显示较强引力，容易形成沉积物。

低温沉积物"油泥"是指在发动机较静止的低温区分出的，或在油路中某些关键部位如活塞油环、滤网等处沉积出的胶体相。此胶体相系由烟灰、铅盐、胶质等表面活性物质所稳定并稠化。典型的油泥化学组成大致为：油（35%～50%）、水（1%～10%）、积炭和烟灰（0%～10%）、铅盐（20%～30%）、胶质（10%～15%）、铁和硅等（1%～2%）。其中，胶质含量虽然不是很高，但对油泥的形成非常关键。其组成与活塞等处漆膜相似，难以区别，但与润滑油高温氧化所得到的胶质在化学结构上却有所不同。一种典型的固态漆膜的组成为：C含量69.0%、H含量6.5%、O含量21.0%、N含量2.0%、S含量1.5%；相对分子质量约为800。

低温沉积物中胶质的化学组成结构的主要特征是含有羰基、羟基、硝基三种官能团。其主要不是来自润滑油氧化产物，而是来自燃料的不完全燃烧产物随着窜气进入内燃机油中所致。并且在燃烧室由于空气中氮的少量氧化生成的少量NO_x（即NO、NO_2），对生成胶质起着关键作用。其作用过程大致为：窜气中的由燃料不完全燃烧而来的氧化分解气相产物（也称作"单体"或"母体"）凝入油内，成为液相（其在油内溶解度很小，多呈另一相），与由窜气中来的NO_x可进行反应，或受其催化，而生成胶质。此胶质若吸附沉积于金属表面即可成为漆膜，同时也可在油内悬浮并继续反应缩合而形成积炭。此积炭与烟灰、油、水和悬浮的胶质可一起凝聚成油泥。

1.1.3.2 纳米清净剂的溶存状态

在润滑油纳米清净剂中，有机酸金属正盐具有不同的存在形式，正由于这些不同的存在形式才使得纳米清净剂具有各种不同的作用。当有机酸金属正盐的浓度较小时，有机酸金属正盐是以单分子状态溶解在油中的，当有机酸金属正盐浓度较大时，其单分子浓度超过了临界胶束浓度（CMC），此时超过部分的有机酸金属正盐分子是以多分子聚集形成胶团（胶束）的形式分散在油中，即形成反胶团（或称为反相胶束），它是以疏水基构成外层，亲水基聚集在一起形成内核。这种反胶团的聚集数和尺寸都比较小，其形态主要是近似球形[41]。

有机酸金属正盐的单分子能吸附于各种固体表面，当它们吸附于内燃机机件的金属表面上时，即形成金属表面的保护膜。当它们吸附于烟灰等污染物的粒子表面上时，可形成"载荷胶团"而使这些污染物粒子被分散于油中(称为胶溶现象)，不至于沉积在机件上造成危害。纳米清净剂中的过碱性组分除极少量是以与有机酸金属正盐呈络合状态存在外，大部分是以与有机酸金属正盐分子形成载荷胶团的形式而被胶溶于油内，形成碱性贮备；这些过碱性组分可以有效中和内燃机在运转过程中生成的有害酸性物质，防止其对机件的腐蚀，同时有机酸金属正盐也可与氧化单体、烟灰、酸性物质形成载荷胶团，使氧化单体、烟灰、酸性物质分散在润滑油中，避免其聚集而生成漆膜、油泥，减缓油品的进一步氧化，保持内燃机的清洁性[1,42]。

有机酸金属正盐的单分子溶解与形成的各种(非载荷和载荷)胶团，以及在金属表面上的吸附等，都是处于动平衡状态，这样才可使有机酸金属正盐在体系中以单分子状态存在的浓度保持在临界胶束浓度之上。其在油中的存在状态如图1.2所示[1]。

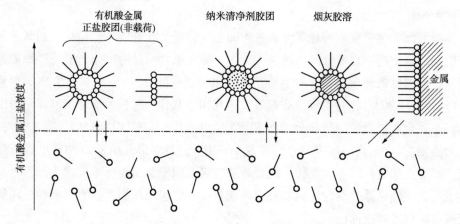

图 1.2　纳米清净剂在油中的存在形式示意图

1.1.3.3　纳米清净剂的作用

在内燃机润滑油中添加纳米清净剂是为了保持发动机机件的清洁、防止机件锈蚀磨损、阻止润滑油的变质，从而延长发动机的使用寿命和润滑油的使用周期。根据纳米清净剂在使用过程中的作用原理的不同，其对润滑油性能的提高作用可分为清净作用(detergency)、分散作用(dispersion)、增溶作用(solubilization)、酸中和作用(neutralization)、抗磨作用(anti-wear)等，同时也可起到提高润滑油的防锈性、抗氧化性等性能[1,43,44]。

(1) 清净作用

又称为润滑油纳米清净剂的"本征清净作用"，是指纳米清净剂阻止分散相

（漆膜、积炭等）电泳析出于金属表面上的作用。纳米清净剂中的有机酸金属正盐分子中极性基团的表面活性大于油中氧化产物（如胶质、含氧酸及沥青质等）的活性，有机酸金属正盐的极性一端可优先吸附于金属表面，形成定向排列，烃基一端伸向油中形成膜屏障，有效地阻止分散相沉积到金属表面。同时，纳米清净剂吸附于金属表面及分散相粒子表面上后，使其具有同样电荷，因而在金属表面也形成静电屏障，借静电斥力阻止分散相沉积于金属表面，而且，借这种静电斥力甚至可洗掉金属表面上已沉积的分散相。润滑油纳米清净剂的这种清净作用可有效地保持发动机机件表面的清洁，从而提高发动机的工作效率，延长发动机的使用寿命。

（2）分散作用

分散作用又称胶溶作用，就是将油在使用过程中形成的非油溶性的固态颗粒（由烟灰、炭粒、树脂状物、油泥、渣状物与金属盐等聚集而成）较好的分散在润滑油中，避免其聚集成大颗粒而沉积在发动机的机件上，影响发动机的正常运转和使用寿命。纳米清净剂中的有机酸金属正盐为油溶性表面活性物质，其极性端可吸附在这些非油溶性的固态颗粒上，非极性端即油性基团则伸向油中，形成胶溶状态，将固体颗粒隔离，使它们悬浮于油中，防止其聚集成大颗粒而沉淀。胶溶机理为膜屏障或电荷斥力机理。纳米清净剂在使用过程中可较好地胶溶粒径约为 $2 \sim 50nm$ 的烟灰、积炭或油泥的颗粒，并在这些颗粒的表面形成厚度为 $2 \sim 3nm$ 的吸附膜，这种膜具有较好的屏障力，可防止颗粒进一步聚集。另外纳米清净剂吸附粒径约为 $500 \sim 1500nm$ 的烟灰或积炭的颗粒表面上后，可使固态颗粒带电，形成双电层，使粒子之间产生静电斥力，借静电斥力可避免颗粒间的相互聚集；这两种机理都说明纳米清净剂具有良好的胶溶作用，可保证发动机的正常运转。

（3）增溶作用

增溶是指借少量表面活性剂的作用使原来不溶解的液态物质或胶质等"溶解"于介质内。对纳米清净剂而言，主要是指纳米清净剂中的有机酸金属正盐分子通过与润滑油氧化及燃料不完全燃烧所生成的非油溶性胶质（氧化产物等）液态微粒形成载荷胶团而增溶于油中，使其中的各种活性基团，如羰基、羧基、羟基等失去反应活性，或使它们在保持增溶的条件下继续反应，从而抑制其进一步形成漆膜、积炭和油泥等沉积物的倾向，减缓润滑油的氧化变质，抑制其对发动机机件的腐蚀和磨损，延长润滑油的换油期和发动机的使用寿命。

（4）酸中和作用

酸中和作用是指润滑油纳米清净剂可中和在发动机中生成的酸性物质，减少其对油品及发动机机件的危害。在纳米清净剂中，尤其超高碱值的纳米清净剂中含有大量过碱性组分，具有较大的碱性贮备，能够在使用过程中，持续地中和由润滑油氧化和燃料不完全燃烧所生成的酸性氧化产物或酸性胶质，使其失去活性，避免再缩聚成为漆膜沉积物；也可不断中和含硫燃料燃烧生成的二氧化硫、三氧化硫及其后生成的硫酸、亚硫酸等，抑制其对润滑油氧化生成沉积物的促进作用。正是由于纳米清净剂可有效中和发动机中的这些酸性物质，这不仅可防止发动机机件的腐蚀磨损，也可大大缓解油品进一步氧化衰败(由于酸性物质是加速氧化的催化剂)，有助于改善润滑油的抗氧性和防锈性等。随着内燃机功率的不断提高和含硫燃料的日渐广泛应用，在现代内燃机油中，这种作用已日显其重要性，因而促使超、高碱值润滑油纳米清净剂的迅速发展。

在发动机内，清净剂与各种酸性物质的中和反应是在大量非离子型的油介质内和少量离子型水介质的存在下进行的，与在水溶液中进行的中和反应不同，反应物的离解度低，中和反应较慢。因此，清净剂的离解特性以及过碱值清净剂中碱性组分的特性对酸中和速度有很大地影响[45]。同时，酸中和时间和速度还与胶体粒子的大小有关，随着小颗粒粒子数目的增多，酸中和时间缩短，中和速率增大。一般来说，碳酸盐的粒度应远低于能保持胶态稳定的上限(80~100nm)。

在润滑油纳米清净剂酸中和性能的评价方面，到目前还没有一种公认的能全面反映其酸中和性能的评价方法，其中纳米清净剂的碱值(TBN)可反映出其潜在的酸中和能力，为了准确地评价纳米清净剂在使用过程中的酸中和性能，人们尝试通过测定纳米清净剂的酸中和速度来进一步评价其酸中和性能。Hone 等[46]利用红外光谱等方法研究了有机酸和无机酸与纳米清净剂的反应过程，结果表明，表面活性剂的分子量和结构不影响酸中和速度，但表面活性剂的含量对酸中和速度有一定的影响，表面活性剂的含量越高，酸中和速度越快。当纳米清净剂与无机酸发生中和反应时，反应速度非常快(在毫秒到秒范围内)，且反应与温度和溶剂都有关系；对于碱值接近的钙盐和镁盐清净剂，镁盐清净剂的酸中和反应速度更快，这是因为清净剂与无机酸的中和可以发生在水相中，而碳酸镁比碳酸钙在水中的溶解度大造成的。当纳米清净剂与有机酸(丙酸、环己酸、庚酸、壬酸、癸酸等)发生中和反应时，反应速度很慢(达到几分钟)，而且有机酸的相对分子质量越大，酸中和速度越慢；另外，不管有机酸是否过量，纳米清净剂最终不会被完全中和。与无机酸的中和反应相反，纳米清净剂在与有机酸的中和反应中，钙盐的中和速度比镁盐快，这与碳酸钙的碱性比碳酸镁强有关。Hone 通过对数据的分析认为，清净剂胶核中含有的金属氢氧化物，可能位于无机核的表面上。

Zhang 等[19]采用过量硫酸与纳米清净剂进行中和反应，通过测量反应放出的二氧化碳使系统压力随反应时间不断升高的变化趋势，直接观察了酸中和反应过程的进行情况；结果表明，镁盐清净剂的酸中和速度比钙盐快，纳米清净剂粒径越小，酸中和速度越快。

（5）抗磨作用

早期对纳米清净剂的抗磨性能研究较少，但近年来随着人们对环保的日益重视，传统的含硫磷的润滑油抗磨剂的使用受到了限制，在开发新型润滑油抗磨添加剂的同时，对纳米清净剂的抗磨性能及抗磨机理也进行了大量的研究[44,47-62]，研究表明，各种纳米清净剂载荷胶团中的纳米碳酸盐粒子具有一定的抗磨作用。

Topolovec-Miklozic 等[49]研究了纳米磺酸钙在金属表面形成表面膜的过程及表面膜的抗磨性能，认为纳米磺酸钙在摩擦过程中能在金属表面形成一层100~150nm 厚的保护膜，对金属表面具有保护作用，保护膜的摩擦系数与磺酸的碳氢链结构有关。

Cizaire 等[51]利用 XANES 和 ToF-SIMS 研究了边界润滑条件下纳米烷基苯磺酸钙清净剂的抗磨机理，结果表明，纳米磺酸钙清净剂在较低的温度下也能在金属摩擦面上形成稳定的表面保护膜，保护金属表面；其在使用过程中，处于金属表面间的纳米磺酸钙胶团随金属间摩擦强度的不断增大，磺酸钙上的碳链就会被切断，进而磺酸钙中的硫钙离子键断裂，释放出纳米碳酸钙微粒（其过程如图1.3所示），并以方解石型晶体结构沉积在金属表面，形成具有抗磨作用的表面保护膜，对金属表面起到保护作用。

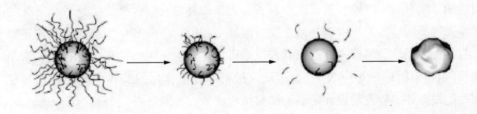

图1.3　纳米清净剂胶团在摩擦强度不断增加时的变化过程

Kubo 等[58]利用 ToF-SIMS 研究了边界润滑条件下纳米磺酸钙在金属表面形成的表面膜的结构，认为纳米磺酸钙可在金属表面形成厚度约为240nm 的表面保护膜，表面保护膜由两层组成，靠近金属表面的一层是由氧化钙和铁组成的，其上面是一层主要由碳酸钙组成的膜，如图1.4所示。

图 1.4　纳米清净剂在金属表面形成的表面膜结构

虽然纳米清净剂具有一定的抗磨作用，但这种抗磨作用是有限的，在对其进行改性后(如硼化、硫化等)，可明显提高其抗磨能力[2,3,63-66]。

(6) 其他

由于纳米清净剂中的有机酸金属正盐可吸附于金属表面，形成定向排列，烃基一端伸向油中形成膜屏障，可阻止酸性物质沉积到金属表面对机件造成锈蚀。纳米清净剂中的有机酸金属正盐也与润滑油氧化及燃料不完全燃烧所生成的非油溶性胶质(如羰基、羧基、羟基等)液态微粒形成载荷胶团使其增溶于油中，失去反应活性，可有效减缓润滑油氧化变质的倾向。另外，纳米清净剂中的过碱性组分可中和在发动机中生成的酸性物质，抑制其对润滑油进一步氧化变质的趋势，防止其对发动机机件造成腐蚀。因此，除上述主要作用外，纳米清净剂还可提高润滑油的抗氧化性、抗腐蚀性和防锈性等性能。

综上所述，润滑油纳米清净剂在内燃机油中具有非常重要的作用，可有效提高润滑油的使用性能。纳米清净剂的这些作用与其在内燃机中所表现的实际的使用性能可能有明显差异，这是由于后者多为更加复杂的综合性能，且常因工况各异而表现不同，因此难以确切地掌握。但现有各种清净分散作用的实验室测定数据与各种使用性能的模拟评定试验和发动机评定试验所得结果在一定程度上尚能相符(虽然有时缺乏对应关系)。因此应把清净分散作用的实验室测定数据与使用性能模拟评定和发动机评定试验结果结合起来，才能更好地分析判断问题。一般说来，发动机评定较为可靠，但实验室测定和模拟评定较为方便，便于开展探索性研究。

纳米清净剂除了可作为提高润滑油性能的添加剂外，还可作为柴油的清净剂使用，在柴油中加入纳米清净剂，在助燃和消烟方面效果非常显著，具有加快炭粒氧化的催化作用和阻止柴油在高温缺氧下裂解成炭粒的反催化作用，可以降低柴油着火温度，增加燃烧速度，促进柴油充分燃烧，减少排气中的烟尘等有害物质的生成[67,68]。

1.1.3.4 纳米清净剂化学结构与其作用的关系

纳米清净剂的作用与其化学结构有着密切的关系，根据已有的研究成果可看出，纳米清净剂的清净作用、分散作用、增溶作用主要（不是唯一地）取决于纳米清净剂基质的化学结构（包括有机酸官能团与烃基），酸中和作用则主要与过碱性组分的含量和物理化学结构（晶型、粒度等）及表面特性有关，而抗磨作用与纳米清净剂基质的化学结构和过碱性组分的含量及物理化学结构都有关。

（1）基质的影响

对于纳米清净剂基质中所含的有机酸官能团来说，强极性的有机酸（如烷基水杨酸等）在油中易于形成多电荷的细小而稳定的胶团（例如纳米烷基水杨酸盐清净剂的临界胶团分解温度高达 $180\sim250℃$，此温度愈高，表明胶团愈稳定），在金属表面可形成强极性的双电层，故具有较好的清净作用。但其极化性能较差，不易受油中其他极性物的影响，因而其分散和增溶作用较差。与此相对照，极性较弱而极化性能较好（或极化度较高）的有机酸（如磺酸等）在油中易于形成少电荷的、较大的，而且不太稳定的胶团（如纳米磺酸盐清净剂的临界胶团分解温度为 $150\sim200℃$），其清净作用较差些，但其胶团很易受油中其他极性物的作用而灵活地重新组合，表现出较好的增溶及分散作用。

对于纳米清净剂基质中所含的烃基（碳氢组成的烷基链）来说，随着烃基链的加长或烃基总碳数的增加，表面活性剂分子的极性会逐渐降低，使得清净剂的清净性有所下降。但相应地其油溶性会得到提高，使得清净剂的分散作用得到增强。

由上述纳米清净剂基质的化学组成和结构对其性能的影响可看出，各种不同类型纳米清净剂具有不同的特性，这也是各种各具不同特性的清净剂通常采用复合形式使用的原因。但复合剂的性能不一定是各种清净剂组分性能的简单加合（additivity），纳米清净剂在复合使用时，其对复合剂在润滑油中各种作用的影响是不完全相同的。当复合剂的性能优于各组分该种性能的平均值时，各清净剂组分间具有"协合作用"（synergism），有利于提高复合剂的性能。而当复合剂的性能劣于各组分该种性能的平均值时，各清净剂组分间存在"对抗作用"（antagonism），不利于提高复合剂的性能[1,3,4]。因此，不同种类的清净剂在复合使用时，其复合配方必须慎加研究选定。目前常用的几类纳米清净剂的性能如表1.1所示[9]。

表 1.1　润滑油纳米清净剂性能比较

清净剂类型	磺酸盐	硫化烷基酚盐	烷基水杨酸盐	环烷酸盐
碱值(TBN)范围	150~400	150~300	150~300	150~300
酸中和能力	中等	好	好	中等
清净性	好	好	极好	好
增溶作用	较好	较差	较差	较差
分散作用	较好	较差	较差	中等
高温稳定性	较好	好	好	较好
抗氧化性	较差	好	好	中等
防锈性	好	较差	较差	好

　　基质的化学结构对纳米清净剂的抗磨性能也有一定的影响，拥有不同有机酸官能团的清净剂在金属表面形成的有机膜的强度是不同的，因此，其抗磨效果也不同。对于拥有同一种有机酸官能团的清净剂而言，烃基链长度越长，其在金属表面形成的有机膜厚度越大，但其强度会减小，从而对清净剂的抗磨性能造成不同的影响。目前，人们虽然对纳米清净剂的抗磨性能进行了一定量的研究，但还没有形成一个完整系统的研究成果，基质的化学结构对纳米清净剂的抗磨性能的影响还有待于进行更深入的研究。

　　（2）过碱性组分的影响

　　过碱性组分对纳米清净剂作用的影响是多方面的，首先，从过碱性组分的含量（或碱值）来看，伴随着纳米清净剂碱值的提高，清净剂的酸中和作用显著增强，对润滑油的氧化和沉积物的生成也有抑制作用，有利于减轻清净剂增溶作用、稳定分散作用的负担，也有利于提高产品的抗磨作用。但同时由于碱值越高，清净剂中形成的载荷胶团数量越多，因而也影响到其增溶作用、稳定分散作用的能力有一定程度的降低。因此，对每种清净剂的高碱值产品，须选定其合宜碱值，以兼顾到各方面作用皆能保持在恰当水平，或得到平衡。如强极性烷基水杨酸盐的增溶作用、稳定分散作用一般较差，其碱式盐的金属比就不宜过高，长期以来国内外此种清净剂产品的金属比一直维持在 3 左右，近年来才提高到 8。而磺酸盐等增溶作用、稳定分散作用较好的清净剂的高碱值盐的金属比多达 10 左右，甚至可达 20。其次，过碱性组分的化学组成、晶型、粒度（重平均粒径）、以及在油中的离解度对酸中和作用和其他使用性能也均有影响。例如，氢氧化物较碳酸盐的碱性高些，但遇少量水分即易形成氢键缔合，引起胶冻现象，使清净

14

剂的胶体稳定性很差，且碱性过高也会影响某些抗氧化剂的作用，因此，一般说来，过碱性组分中应减少金属氢氧化物的含量，以保证其以碳酸盐为主，虽然其碱性会降低，但仍可起中和发动机中生产的酸性物质的作用，使清净剂保持足够的碱性贮备。

对于碳酸盐的粒度，为了保持清净剂的胶体稳定、产品透明及必要的酸中和速度，一般纳米清净剂粒子的粒度应保持在 80~100nm 以下，目前，常用润滑油纳米清净剂产品中碳酸盐粒度多在 1~100nm 之间。碳酸盐的晶型对清净剂的中和能力和其他使用性能的影响，至今尚是一个难以确定，尚待继续深入研讨的问题。如有人主张，为了保证产品胶体稳定，应设法使碳酸钙盐呈表面活性较大的球霰石（Vaterite），减少方解石（Calcite）及纵维状的、难以过滤的霰石（Aragonite）等晶型。也有人主张无定形的碳酸钙才有利于胶体稳定及酸中和速度。不同晶型的碳酸盐，其极压抗磨性能也存在一定的差异。

另外，纳米清净剂产品中应保留有一定量的游离的有机酸金属正盐及其形成的非载荷胶团，以保证润滑油的酸中和速度。这是由于在润滑油介质内，游离的亲水的硫酸粒子（液态，由含硫燃料燃烧后生成）是难以扩散到纳米清净剂的载荷胶团内并与其中的碳酸盐接触进行反应。但当有一定量游离的有机酸金属正盐（及其非载荷胶团）存在时，则可与游离的硫酸粒子形成胶团，较易扩散，并较易与碱式盐胶团接触，进行中和反应，从而加快酸中和速度。

1.2　润滑油纳米清净剂的发展现状

1.2.1　纳米清净剂的发展简述

最初，润滑油清净剂是为解决柴油机油在应用过程中出现的一系列问题而加入润滑油中的皂类化合物。1934 年美国开特皮勒拖拉机公司研制的新型较大功率中速柴油机由于负荷提高，工况较苛刻，在使用当时的内燃机油时经常出现活塞沉积物过多，导致出现粘环现象，严重影响发动机的正常运转。为了解决这一问题，在加州标准油公司和联合油公司以及路博润（Lubrizol）公司的协作下进行的共同研究中，联想到皂类对沉积物的清净作用，发现向润滑油中加入环烷酸铝后果然可以消除此危害。这样于 1935 年开始用二环烷酸铝盐（皂类）作为历史上首次应用的润滑油清净剂。接着在 20 世纪 30 年代后半期引起了许多关于清净剂的探索研究，又出现了二氯代脂肪酸钙、苯基脂肪酸钙、氯代苯基脂肪酸钙，与二环烷酸铝同为当时应用的典型的清净剂工业产品[1]。

这些清净剂对当时的抗腐蚀的巴氏合金轴承基本还相适应，但后来随着铜铅、银镉等抗腐蚀性能较差的硬质合金轴承的推广应用，便出现了含清净剂润滑油引起轴承腐蚀的问题。这个问题除导致人们研制成各种有效的抗氧抗腐剂外，也使人们开始研究并澄清了上述强酸性有机酸盐（羧酸盐）清净剂是润滑油氧化的催化剂，以致产生较多量酸性氧化产物，引起腐蚀轴承的麻烦。因此在20世纪30年代末期至40年代初期，又促使人们去广泛探索研制各种较新型的清净剂。这期间，在美国市场上最受欢迎的对铜铅轴承，基本不引起腐蚀的清净剂为烷基水杨酸酯酚盐（不同于现代的烷基水杨酸盐），但其价格较贵。从20世纪40年代初期以后不久，随着人们对清净剂作用机理及其化学合成等基础性研究的不断加深，结合各种清净剂合成工艺技术的难易，原材料来源的方便与否，生产成本的高低等影响因素，逐渐通过研制应用而筛选出迄今仍在广泛使用的若干种现代清净剂：磺酸盐、酚盐、磷酸盐、烷基水杨酸盐、环烷酸盐等。正是这些清净剂正盐和低碱度盐与 ZDDP 类抗氧抗腐剂等相复合，构成了最初一代内燃机油复合剂。

进入20世纪50年代后，由于更高功率的增压柴油机的推广应用和大量发展的大功率船用柴油机渐多燃用高硫燃料，引起活塞积炭增多和缸套腐蚀磨损趋于严重。为了有效而经济地解决这个新出现的问题，由英荷壳牌（Sheel）公司和美国路博润（Lubrizol）公司领先，开始研制成功并推广应用各种"过碱度"和"高碱度"的清净剂。同一时期，又由于美、欧各国城市小轿车骤增，车在行驶中经常发生停停开开的现象，导致汽油机曲轴箱内低温油泥增多，堵塞油路。为解决此问题，由杜邦公司率先于20世纪50年代后期又开始研制出"无灰分散剂"这一重要新品种。最初的这类分散剂是含有碱性氮基团的甲基丙烯酸酯类共聚物。20世纪60年代初开始问世的各种丁二酰亚胺类就迅速推广，将前者取而代之，成为迄今仍广泛应用的无灰分散剂。

此后，纳米清净剂的基本化学结构类型处于相对稳定的发展状态，但随着各种内燃机技术进步对油品应用提出的要求日新月异，各种清净剂的化学结构和使用性能以及合成工艺的改进一直吸引着人们的注意，新的专利仍在不断地大量涌现。例如，在纳米清净剂的行列中出现碱值高达 400mgKOH · g^{-1} 以上的"超碱值"清净剂与低碱值、高碱值盐共用于油品配方；在金属类型上，除钙盐继续为主要的金属盐外，灰分较低的镁盐得到了广泛的应（同时，灰分较高，且有毒性，对环境有害的钡盐已基本被淘汰）。所有这些新发展的产品不仅各显示其特殊使用性能，且明显改善了清净剂应用的经济性。

各种高碱度金属清净剂与各种无灰分散剂的相继出现，使得内燃机油添加剂复合配方技术得到了长足的进步，促进了各种高档内燃机油的快速发展，保证了不断更新换代的汽、柴油机对内燃机油性能的更高要求，也在汽、柴油机通用内燃机油的实现和应用上创设了重要条件。

近年来，在环保和节能的推动下，内燃机油更新换代的步伐进一步加快，导致添加剂需求量稳步上升，同时要求添加剂必须满足不断改进的发动机性能要求。在润滑油中加入单一一种添加剂已很难使润滑油满足这种要求，采用加入多种添加剂复配形成的复合剂已成为现今提高润滑油性能的主要方法。国外各添加剂公司销售单剂的品种越来越少，复合剂的品种则越来越多。

车用内燃机油复合剂主要有汽油机油复合剂、柴油机油复合剂和汽柴油机油通用复合剂。

汽油机油复合剂和柴油机油复合剂是针对汽油机和柴油机的工作条件、所有燃料以及需解决的问题不同而采用不同的复合配方调和而成的两类润滑油复合剂。柴油机与汽油机的最大区别：① 柴油机的烟灰多，容易沉积在发动机的顶环槽内和活塞环区；② 柴油中硫含量比汽油多，燃烧后生成的酸量较大，会造成发动机环和缸套的腐蚀磨损；③ 柴油机热负荷大，汽缸区的温度高，高温易促使润滑油氧化变质；因此柴油机与汽油机对润滑油性能的要求也不尽相同。汽油机油和柴油机油虽然所使用的添加剂种类基本相同，都有清净剂、分散剂和抗氧抗腐剂等，但由于解决问题的侧重点不同，因此在复合剂中各添加剂的加入比例存在一定的差异。汽油机低温油泥比较突出，故复合剂中加入的分散剂比例比柴油机油复合剂大，而柴油机的高温清净及抗氧问题突出，因此在柴油机油复合剂中加入的清净剂的比例比汽油机油复合剂高，特别是负荷大的柴油机油复合剂中还要加一些硫化烷基酚盐来解决高温抗氧问题。

汽柴油机油通用复合剂是为方便用户避免错用机油，通过对不同添加剂的复合形成的能够同时满足汽油机油和柴油机油要求的通用油所需的复合剂。汽车运输队一般是汽油机和柴油机两种汽车所组成的混合车队，如果分别用汽油机油和柴油机油两种润滑油来满足要求，往往会出现错用油的现象而造成事故。汽柴油机通用油的出现简化了发动机油品种，方便了用户，又解决了错用油问题。通用油的添加剂用量比非通用油多一些，成本也高，这是其缺点，但通用油的换油期比非通用油长，润滑油油耗也低，总体上在经济上是很划算的，所以很受欢迎[3]。

1.2.2 国内外纳米清净剂的产业现状

近年来，虽然乘用车销量增长速度较快，但全球润滑油产量和消费量一直延续平缓增长的趋势，其主要原因在于润滑油质量和档次的提高使润滑油换油期延长，消耗量降低。从润滑油产量和消费量增长趋势看，传统的润滑油消费市场，如以北美、欧洲和日本为代表的发达国家，其润滑油消费量基本维持现有规模，甚至略有下降；而以中国、印度为代表的发展中国家，其润滑油消费量则保持着良好的增长势头[69]。

全球主要润滑油公司如表1.2所示，2000年以来全球及国内润滑油消费量的变化如图1.5和图1.6所示[70-72]。

表1.2　全球主要润滑油公司排名

序号	润滑油公司	序号	润滑油公司
1	英荷壳牌石油公司（Royal/Dutch Shell）	9	日石三菱石油公司（Nippon Mitsubishi Oil）
2	埃克森美孚石油公司（Exxon Mobil）	10	美国胜牌润滑油公司（Valvoline）
3	英国石油-嘉实多公司（BP/Castrol）	11	日本出光石化株式会社（Idemitsu）
4	中国石化/中国石油（Sinopec/PetroChina）	12	克诺克-菲利普斯（Conoco Phillips）
5	雪佛龙德士古石油公司（Chevron Texaco）	13	委内瑞拉国家石油公司（PDVSA）
6	道达尔菲纳埃尔夫石油公司（Total Fina ELF）	14	西班牙雷普索尔-YPF集团（Repsol-YPF）
7	俄罗斯鲁克石油公司（Lukoil）	15	印度石油公司（Indian Oil）
8	德国福斯集团（FUCHS）		

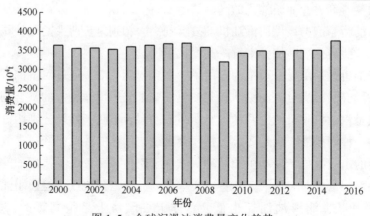

图1.5　全球润滑油消费量变化趋势

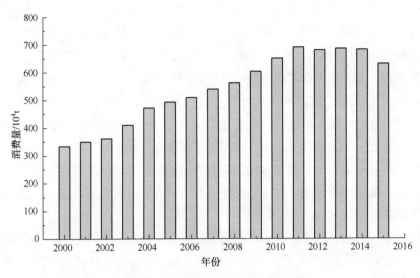

图 1.6　国内润滑油消费量变化趋势

从润滑油的消费结构来看，工业润滑油占 39%，车用润滑油占 61%，而内燃机油约占车用润滑油消耗量的 85%[3]。

润滑油添加剂作为润滑油不可缺少的组成部分，其在润滑油中所占的比例根据润滑油档次及种类的不同存在较大的差距。在内燃机油中，添加剂的含量一般在 3%~10% 之间，通常润滑油档次越高，添加剂的含量也越高；而在船用油中，添加剂的含量一般都在 9% 以上[1,3]。作为内燃机油的主要添加剂，纳米清净剂消耗量约占润滑油添加剂总消耗量的 20%[3,4]。

从润滑油添加剂的生产及供应上看，国外添加剂产业集中度比较高，经过 20 世纪 90 年代剧烈的兼并和合并，基本形成了以四大添加剂专业公司为主的分布格局。这四大添加剂专业公司分别为路博润公司（Lubrizol）、润英联公司（Infineum）、雪佛龙奥伦耐公司（Chevron Oronite）和雅富顿公司（Afton），它们控制了全球润滑油添加剂 80% 左右的市场份额[69]。除四大添加剂专业公司之外，还有一些在某类添加剂方面具有全球领先的研发实力，在业界具有很高的知名度的添加剂公司，如科聚亚公司（Chemtura）在磺酸盐清净剂、汽巴公司（Ciba）在抗氧剂、罗曼克斯公司（Rohmax）在 PMA 型黏度指数改进剂和降凝剂、范德比尔公司（Vanderbilt）在极压抗磨剂和摩擦改进剂等领域分别处于领先地位，公司规模虽然较小，但也占有一定的市场份额。

路博润公司是目前全球最大的润滑油添加剂供应商，它开发、生成和销售各种专业添加剂。在美国拥有 38% 的市场份额，除美国本土外，在其他国家设有 21 座添加剂生产厂。主要产品有：发动机油复合剂、传动系统（ATF 和车辆齿轮油）用复合剂、液压油、工业齿轮油、汽轮机油等工业润滑油复合剂以及金属加工油复合剂。特别在工业用油领域，路博润公司的添加剂居于全球领先的地位。

润英联公司成立于 1999 年 1 月，总部位于英国，是由埃克森美孚石油公司（ExxonMobil）和壳牌石油公司（Shell）的添加剂部分（Paramins 和 Shell）进行合并后成立的合资公司，目前市场占有率在全球居第 2 位。添加剂产品主要集中在车用、船用等润滑油添加剂领域，在工业润滑油添加剂方面产品不多，主要是由原美孚开发的齿轮油复合剂以及由原壳牌石油公司开发的氢化苯乙烯—异戊二烯共聚物黏度指数改进剂等。

雪佛龙奥伦耐公司成立于 1917 年，现为雪佛龙子公司，期间经过多次并购和重组，最近一次是 2001 年，雪佛龙和德士古（Texaco）合并后，整合了德士古的添加剂业务。目前，雪佛龙奥伦耐公司市场占有率在全球居第 3 位。公司在硫化烷基酚盐清净剂方面拥有极强的传统优势，确立了其在工业发动机用油如铁路机车、船用发动机及天然气发动机用油等领域的全球领先地位。

雅富顿公司的前身为乙基（Ethyl）公司，曾收购美国的阿莫科（Amoco）石油添加剂公司、日本的库珀公司等公司，是雅富顿和乙基的控股母公司，雅富顿负责原石油添加剂业务，乙基公司仍以原有名称经营四乙基铅业务。雅富顿公司是全球第四大添加剂生产商，在柴油机油、铁路机车用油以及自动传动液（ATF）等领域具有很强的研发实力，添加剂产品主要为集中在这些领域。

四大润滑油添加剂专业公司都拥有悠久的历史，在添加剂技术和市场开发方面均有深厚的积淀。对于占消耗总量比例较大的主要大类单剂，如清净剂、分散剂、黏度指数改进剂等，四大添加剂专业公司通常都是自给自足，但在市场上销售产品则主要以复合剂的形式出现，一般不对外出售单剂产品。随着润滑油的不断升级换代，需要通过的台架实验的个数也急剧增多，高档次的润滑油的研发费用迅速增加，新进入者如没有丰富的技术积累和超强的研发实力，将很难跟上最新的技术进展，以及开发出与之配套的新产品。因此，国外添加剂产业相对比较封闭，一般不会有贸然进入者，因而也不会对四大添加剂专业公司形成竞争压力。

全球四大润滑油添加剂专业公司生产的有关纳米清净剂方面的产品，其种类及牌号如表 1.3 所示[3]。

表 1.3　四大润滑油添加剂公司生产的润滑油清净剂产品

清净剂类型		路博润公司	润英联公司	雪佛龙奥伦耐公司	雅富顿公司
石油磺酸盐	低碱值	LZ236、LZ52	Paranox24	OLOA246B	Hitec E609
	中高碱值	LZ74、LZ6464 LZ6478、LZ58	Paranox26	OLOA247B OLOA247E	
	超碱值	LZ6465、LZ6655	ECA6655		
合成磺酸盐	低碱值	LZ6468	ECA2214		Amoco414 Amoco661 Amoco662
	中高碱值	LZ690、LZ77 LZ9334	ECA9334		Hitec611 Hitec621
	超碱值		Paranox36 ECA5087 ECA9344		Amoco8000
硫化烷基酚盐	中碱值		Paranox51	OLOA218A、TLA320	Amoco9230
	高碱值	LZ26499、LZ6500	Paranox52	OLOA219、OLOA229	Amoco9231
烷基水杨酸盐			AC45、AC60C SAP001、SAP002 SAP005、SAP007		

我国润滑油添加剂始于 20 世纪 50 年代，历经几十年的积累和发展，已经形成一定的生产规模。近年来，通过自主研发及不断引进国外生产技术，在主要添加剂品种上已与国外相当，但在产品质量上还存在一定差距。

国内复合剂主要来源于从国外添加剂公司进口、国内合资企业生产、国内润滑油或添加剂生产企业自行生产三个方面，但在国内市场上，绝大部分的复合剂是由国外添加剂公司或其在国内的合资企业生产和供应的，尤其高端复合剂，基本是由国外添加剂公司提供的。国内企业仅生产和供应中低端的复合剂。目前，国内合资企业主要有上海海润添加剂有限公司和兰州路博润兰炼添加剂有限公司，而自主复合剂生产厂家主要是一些民营企业，其中产量较大的生产厂家主要有辽宁天合精细化工股份有限公司和无锡南方添加剂有限公司等。

上海海润添加剂有限公司是中国石化和润英联公司各出资 50% 于 2001 年成立的合资公司，主要生产内燃机油复合剂，是中国石化最重要的添加剂生产基地。兰州路博润兰炼添加剂有限公司是中国石油和路博润公司各出资 50% 于 2000 年成立的合资公司，主要生产内燃机油复合剂。辽宁天合精细化工股份有限公司主要生产内燃机油复合剂，也生产部分工业润滑油复合剂。无锡南方添加剂有限公司能够生产和供应内燃机油复合剂和工业润滑油复合剂，但其产品质量档次较低。除上海海润添加剂有限公司外，其他三家公司同时也出售单剂产品。

国内单剂主要来源于从国外添加剂公司进口和国内单剂生产企业自行生产两个方面。在常用单剂方面，国内已拥有成熟生产技术，产品能够满足国内对单剂需求的增长，但在新型或特色单剂方面尚显研发不足，也较难实现工业规模的生产，主要依靠进口来满足市场需求。

进口单剂一般由四大添加剂专业公司以外的几家具有各自特色单剂公司供应，如汽巴公司、罗曼克斯公司和范德比尔公司等，其单剂产品技术含量相对较高，国内添加剂生产厂家通常无法生产或生产的产品无法达到同等质量，这部分进口的单剂产品附加值和利润都非常高。

国内单剂生产企业的产品主要是磺酸盐、硫化烷基酚盐、无灰分散剂、ZDDP和抗氧剂等常用单剂，且竞争较为激烈，国外公司一般很少涉足该领域。国内单剂生产厂家较多，主要有兰州路博润兰炼添加剂有限公司、锦州石化添加剂厂、无锡南方添加剂有限公司、辽宁天合精细化工股份有限公司、新疆蓝德精细石油化工股份有限公司、新乡市瑞丰化工有限公司、锦州康泰润滑油添加剂有限公司、北京兴普精细化工技术开发公司等，其中兰州路博润兰炼添加剂有限公司、锦州石化添加剂厂、无锡南方添加剂有限公司、辽宁天合精细化工股份有限公司等四家公司是国内目前公认的、在行业内具有一定影响力的四大单剂生产公司。这四家单剂生产公司的共同特点是产品品种较齐全，产量和市场占有率较高。兰州路博润兰炼添加剂有限公司和锦州石化添加剂厂是中国石油旗下的两家公司，无锡南方添加剂有限公司和辽宁天合精细化工股份有限公司为民营企业，因此，目前国内单剂生产的基本格局是中国石油和民营企业分庭抗礼，各据半壁江山。从发展势头看，中国石油旗下各单剂生产厂近几年基本维持现状，而民营企业更具活力，发展迅猛，呈明显追赶和超越的态势。

国内各润滑油添加剂公司基本都生产润滑油纳米清净剂产品，尤其磺酸盐清净剂最为普遍，其次生产硫化烷基酚钙、盐清净剂的公司也比较多，而生产烷基水杨酸盐和环烷酸盐清净剂的公司相对较少。按照以往行业规范，国内纳米清净剂中钙盐的牌号较为统一，其中，T101、T102、T103分别代表低、中、高碱值石油磺酸钙系列产品，T104、T105、T106分别代表低、中、高碱值合成磺酸钙系列产品，T109代表烷基水杨酸钙产品，T111、T112、T113、T114分别代表低、中、高碱值环烷酸钙系列产品，T115代表硫化烷基酚钙产品。镁盐清净剂的研发和应用在国内开展得比钙盐晚，因此其工业产品的牌号不是很一致，而且在使用过程中，通常都采用超高碱值镁盐产品，低中碱值的镁盐在实际中很少使用，因此在国内，T107 代表超高碱值磺酸镁产品。

1.2.3 常用纳米清净剂的特点及研究现状

1.2.3.1 磺酸盐

纳米磺酸盐清净剂是目前国内外使用最为广泛的一类润滑油清净剂。其特点是原料易得、成本较低、使用性能可以适应各种不同要求（如低碱度磺酸盐分散作用好，高碱度磺酸盐具有良好的中和能力及高温清净性）且具有一定的防锈性能，因此发展很快。在国内外，磺酸盐得到了广泛的使用，形成了低、中、高不同碱值及钙、镁等不同金属的系列化产品[1,3]。

虽然磺酸盐清净剂的高温稳定性和清净性不及烷基水杨酸盐或硫化烷基酚盐，且抗氧化性较差（高碱度磺酸盐添加剂甚至还有促进氧化的作用），但其具有良好的增溶和分散作用及防锈性，其综合使用性能是最佳的，因此现代发动机润滑油除可将不同碱值、不同金属的磺酸盐复合外，更主要的是常将磺酸盐与硫化烷基酚钙、烷基水杨酸盐及丁二酰亚胺等清净分散剂复合使用[3,8]。

由于磺酸盐清净剂具有原料来源广、成本低、综合性能好等特点，得到了人们的重点关注，对其合成、应用性能等进行了大量的研究[73-97]，其生产工艺在清净剂中的研究是最为领先的。磺酸盐可分石油磺酸盐和合成磺酸盐，目前利用石油基油制取石油磺酸盐的工艺在国外应用越来越少。采用蜡裂解 α-烯烃、聚乙烯、聚丙烯等原料制取合成磺酸盐的工艺在国外得到了快速发展和广泛应用，得到的合成磺酸盐产品比石油磺酸盐产品具有更佳使用性能。

由于汽车发动机设计向小型化、大功率、高速度方向发展，对发动机油的热稳定性提出了更高的要求，因此要求添加剂在高环境温度条件下发挥其功能；其次是环境因素及政府公布的条例限制了某些添加剂的使用，如美国政府公布的轿车排气条例和燃油经济性等条例的实施，将使一些灰分高、有毒的钡盐、部分钙盐被灰分低且积炭松软的镁盐取代。一些含氯、硫、磷的添加剂也将被限制使用。传统磺酸盐清净剂的过碱性组分是以碳酸盐的形式存在的，在苛刻条件下会加速油品氧化。新型硼化磺酸盐清净剂可较好的克服这一缺点，其过碱性组分是以硼酸盐的形式存在。和传统的磺酸盐清净剂相比，这种新型硼化磺酸盐清净剂具有优良的抗氧、减摩性能和抗氧化安定性能，被誉为新型多功能润滑油添加剂，已经成为国内外研制和开发的重点之一[63-65,98,99]。目前国外主要有美国的路博润公司（Lubrizol）、润英联公司（Infineum）、雪佛龙奥伦耐公司（Chevron Oronite）进行了工业化生产，国内还处于实验室研究及初步中试阶段。

1.2.3.2 硫化烷基酚盐

烷基酚盐型清净剂是 20 世纪 30 年代后期出现的润滑油清净剂之一，与其他类型的清净剂相比较，烷基酚盐中有机酸根的酸性较弱，在同样碱度下其清净分散性能较差一些。现代各种发动机油所使用的烷基酚盐清净剂大多为高碱性的多功能团烷基酚盐产品，如耐热性、耐负荷性和清净分散性更好的中高碱值的硫化烷基酚盐。人们对其进行了不断地研究[55,62,100,101]，迄今关于硫化烷基酚盐的组成结构及性能改进的专利一直不断出现，例如通过改变硫含量及其与烃基的联结方式、烃基结构特征、碱性组分的含量等方法来改进硫化烷基酚盐的各种使用性能等。硫化烷基酚盐除具有良好的中和能力和一定的高温清净性外，还具有很好的抗氧化、抗腐蚀性能，且与其他清净剂适当复合后可具有协和作用，使油品使用性能明显改善，因而得到了很好的应用。由于其基质相对分子质量小，不易制备碱值很高的产品，因而其应用范围受到了一定程度的限制。

在使用方面，虽然酚盐的酸性较弱，制备高碱性产品也不容易，但酚盐在油介质内较易分解，使得酚盐具有较强的中和能力，同时抗氧、抗腐蚀性能较好，与磺酸盐的协同效应较佳，尤其还可与磺酸盐在使用性能的许多方面互相弥补优缺点。如磺酸盐较差的抗氧化性能可由酚盐弥补，而酚盐较差的增溶分散作用则可由磺酸盐补偿。由于具有这些特点，原料易得，生产技术已经发展成熟，已形成生产规模，产品价格也较便宜，故常与磺酸盐复合使用，因而成为当代最广泛使用的金属清净剂（在金属清净剂中，其用量仅次于磺酸盐而居第二位[3]）。

1.2.3.3 烷基水杨酸盐

烷基水杨酸盐油清净剂最初几乎是与烷基酚盐同时出现的，20 世纪 50 年代中期就已得到工业化生产和实际应用，以后向高碱度方向发展。该产品是在烷基酚上引入羧基，并将金属由羟基位置转到羧基位置。因此从结构上来说，是含羟基的芳香羧酸盐。这种转变使得其分子极性极强，高温清净性大为提高，但其抗氧抗腐性则不及硫化烷基酚盐。因此其使用性能与硫化烷基酚盐的使用性能相比各有特点。低碱值烷基水杨酸盐灰分低，与高碱值硫化烷基酚盐有较好的协和效应，可用来调制低灰分的内燃机油。高碱值烷基水杨酸盐碱值高，中和能力强，分水性能好，可用来调制船用油。高碱值烷基水杨酸镁盐灰分低、抗磨性能好，具有一定的防锈能力，可用来调制汽油机油。

烷基水杨酸盐高温清净性较好，具有一定的低温分散及抗氧、抗腐蚀性能、极压抗磨性能及与其他剂具有良好的协同作用等特点，因而特别适用于作为各种柴油机油的清净剂，备受人们重视，对其合成工艺、使用性能进行了大量的研究[102-115]。烷基水杨酸盐在金属清净剂领域占有不可忽视的地位。高碱度化的烷基水杨酸镁盐与其钙盐复合使用，可通用于汽油机油和柴油机油，并保证油品具有一定的防锈性[3]。

硫化烷基水杨酸盐添加剂是国外 20 世纪 80 年代研究开发出的一种新型金属清净剂。它具有优异的耐热性、高温清净性、良好的极压抗磨性、抗氧化定性，并兼有一定的低温分散性，是一种性能较全面的润滑油纳米清净剂。该类产品与磺酸盐、低碱值烷基水杨酸盐等具有良好的复合作用，可广泛应用于不同档次的内燃机油中，有着很好的发展前景[116]。

1.2.3.4　其他

环烷酸盐清净剂的增溶和分散作用虽不及磺酸盐清净剂，但其他性能与磺酸盐清净剂基本相当，尤其具有良好的油溶性，非常适合于用作船用润滑油的添加剂，因船用润滑油一般需加入大量清净剂来提高其碱值，中和润滑油氧化生成的大量酸性物质。环烷酸盐清净剂由于其原料的来源受制于原油的性质，只有合适的原油才能生产出适合制备环烷酸盐清净剂的原料，因此，对环烷酸盐清净剂的研究相对较慢。在国内，只有新疆独山子和克拉玛依炼油厂可生产出适合制备环烷酸盐清净剂的原料，他们对环烷酸盐清净剂的研制在国内也处于领先地位[24,117-119]，其他单位研究相对较少[120]。

混合基质和多金属清净剂可成功地将不同基质、不同金属的清净剂在反应早期融为一体，解决了不同类清净剂在复合使用时出现共沉淀等问题，也可使混合基质和多金属清净剂兼具不同类型清净剂的优点，提高混合基质和多金属清净剂的使用性能，因此得到了人们的重视和不断地研究，也是润滑油清净剂今后研究和发展一个方向[16,17,121]。

1.3　润滑油纳米清净剂合成工艺的研究进展

润滑油纳米清净剂的合成工艺是指有机酸与金属化合物(金属的氧化物、氢氧化物、盐等)反应来制备纳米清净剂(过碱度金属清净剂)的过程，该过程通常也称作金属化工艺。目前，清净剂的合成工艺已发展形成了几种较为成熟的工艺过程，其研究热点主要集中在促进剂的选用、新型促进剂的开发方面及仪器设备的改进方面。

1.3.1　纳米清净剂合成工艺研究进展

纳米清净剂的合成工艺均包括正盐(中性盐)的合成和碳酸化(过碱化)两个反应过程，正盐合成反应过程是指在水或促进剂作用下，有机酸与金属化合物反应生成有机酸正盐的反应过程；碳酸化反应过程是指在有机酸正盐、水及促进剂存在的条件下，金属氧化物转化为氢氧化物后再与二氧化碳反应生成纳米级金属碳酸盐(也含有少量金属氢氧化物)颗粒并被有机酸正盐包裹形成稳定胶体溶液的反应过程[122]。根据纳米清净剂的合成工艺过程的不同，其工艺大致可分为一步法合成工艺、两步法合成工艺[4]、多次碳酸化工艺、预处理工艺、超重力法合成工艺等。

1.3.1.1　一步法合成工艺

一步法合成工艺是指一次性完成金属正盐的合成和碳酸化两个反应的合成工艺过程。其方法是将反应所用物料在加热升温前或升温过程中依次加入反应容器中，当混合物加热到碳酸化所需的温度时，通入二氧化碳进行碳酸化反应，最后经分离得到纳米清净剂产品，其工艺过程如图 1.7 所示。

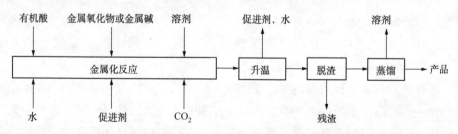

图 1.7　一步法合成工艺流程图

Muir 等[123,124]以磺酸为原料，采用一步法合成工艺制备出了碱值大于 $550mgKOH \cdot g^{-1}$ 的纳米磺酸镁清净剂，方法为：将磺酸、稀释油(润滑油基础油)、直链十二烯基丁二酸酐、溶剂、氧化镁、甲醇、水、乙酸依次加入反应容器，在不断搅拌的条件下加热升温，当温度达到 45～55℃时通过二氧化碳，通入速率先大后小，进行 4h 的碳酸化反应，反应结束后，将反应混合物进行分离即可得到纳米磺酸镁产品。

Muir[125]制取纳米烷基水杨酸钙清净剂时也采用了一步法合成工艺。其方法是将烷基水杨酸、基础油、石脑油、甲醇、中性磺酸钙、氢氧化钙依次加入反应釜，升温到 60℃ 时通过二氧化碳进行碳酸化反应，直到氢氧化钙转化为碳酸钙后将混合物过滤、蒸馏后得到了纳米烷基水杨酸钙清净剂。

Allain 等[126,127]以烷基苯为原料制备纳米烷基苯磺酸镁产品时，其合成过程采用的也是一步合成工艺。

顾军慧等[128]制备纳米石油磺酸镁的工艺和朱海英等[129]制备纳米石油磺酸钙的工艺都属于一步法合成工艺。其方法是将石油磺酸铵、二甲苯、氧化镁(氧化钙)、甲醇、有机胺等在缓慢升温过程中依次加入反应容器，当温度到达碳酸化温度时，通入二氧化碳进行碳酸化反应。得到了碱值大于 $390mgKOH \cdot g^{-1}$ 的纳米石油磺酸镁和纳米石油磺酸钙清净剂产品。

1.3.1.2 两步法合成工艺

两步法合成工艺是指先进行金属正盐的合成反应，然后再进行碳酸化反应来制取纳米清净剂的合成工艺过程。

两步法合成工艺根据其制备过程的差异，有两种不同的方法，一种方法是将制备金属正盐所用物料在加热升温前或升温过程中依次加入反应容器中，混合物加热到制备金属正盐所需温度进行金属正盐的合成反应，反应结束后，将温度调整到碳酸化所需温度，依次加入碳酸化反应所需物料，通入二氧化碳进行碳酸化反应，完成碳酸化反应后，混合物经分离得到纳米清净剂产品的工艺方法。与一步法合成工艺相比，该工艺方法只是在制备过程中改变了一次温度和物料加入次序，其他过程基本相同，因此，人们常常也将该方法称作一步合成工艺，其工艺过程如图 1.8 所示。

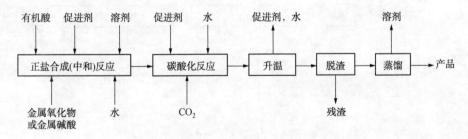

图 1.8　两步法合成工艺流程图

作者采用该工艺方法制备出了碱值大于 $390mgKOH \cdot g^{-1}$ 的纳米石油磺酸镁清净剂产品[130]，方法为：将石油磺酸铵、二甲苯、甲醇、促进剂、氧化镁依次加入反应釜，将混合物加热到 70~78℃，维持该温度反应 1h 后降温至 40~50℃，

27

加入水、促进剂，同时通入二氧化碳进行 2~4h 碳酸化反应，反应结束后对混合物进行分离即可得到纳米石油磺酸镁产品。采用同样的方法，还制备出了碱值大于 390mgKOH·g^{-1} 的纳米合成磺酸镁和烷基水杨酸镁清净剂产品[131]。

国内在以石油磺酸、合成磺酸(烷基苯磺酸，包括大分子烷基苯磺酸)、环烷酸等有机酸为原料制备纳米清净剂的研究中[117-119,132-139]大多采用的是该两步法合成工艺，其不同之处在于所用促进剂种类、物料的加入次序和加入方法。

两步法合成工艺的另一种方法是先进行金属正盐的合成反应，反应结束后，脱除混合物中的溶剂、残渣等得到金属正盐，然后以金属正盐为原料进行碳酸化反应来制取相同金属盐纳米清净剂的合成工艺过程，其工艺过程如图 1.9 所示。关于采用该两步法合成工艺进行纳米清净剂制备的研究鲜有报道，但利用金属正盐制备相同金属盐纳米清净剂的报道较多。

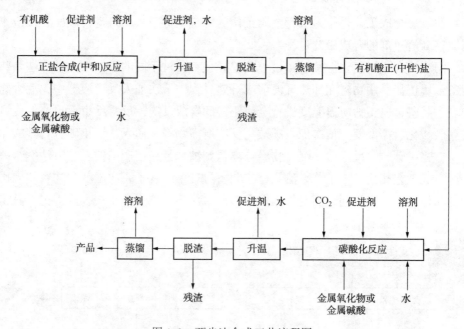

图 1.9　两步法合成工艺流程图

Powers 等[140]以中性磺酸钙为原料，经碳酸化反应制取了碱值大于 390mgKOH·g^{-1} 的过碱度磺酸钙清净剂。Papke 等[141]以磺酸钙为原料，经碳酸化反应制取了碱值大于 400mgKOH·g^{-1} 的过碱度磺酸钙清净剂。Jao 等[142]以烷基苯磺酸钙和石油磺酸钙混合物为原料，经碳酸化反应制取了碱值大于 500mgKOH·g^{-1} 的超高碱值纳米磺酸钙清净剂。Jao 等[143]还以烷基苯磺酸和二烷基苯磺酸盐混合物为原料，经碳酸化反应制取了碱值大于 $500mgKOH \cdot g^{-1}$ 的过碱度磺酸钙清净剂。Arnold 等[144]以磺酸与低碱度磺酸镁混合物为原料，经碳酸化反应制取了纳米磺酸镁清净剂。Dickey 等[145]以烷基苯磺酸和石油磺酸的混合物与氧化镁经中和得到的中性磺酸镁为原料，再通过碳酸化反应制取了纳米磺酸镁清净剂。

1.3.1.3　多次碳酸化工艺

多次碳酸化工艺是指在第一次碳酸化反应结束后，一种方法是将混合物进行分离得到低碱度纳米清净剂，再以低碱度纳米清净剂为原料进行二次碳酸化反应（另一种方法是在第一次碳酸化反应结束后，升温脱除水和促进剂，再降温并加入所需物料进行二次碳酸化反应），如此重复直到产品碱值达到要求为止的制取高碱值纳米清净剂的合成工艺过程，两种工艺过程如图 1.10 和图 1.11 所示。在实际生产中，一般采用两次或三次碳酸化反应就可得到碱值符合要求的纳米清净剂产品。

孙向东等[146,147]在以重烷基苯磺酸为原料制备纳米磺酸钙清净剂时采用的是第一种多次碳酸化工艺，其方法为：先将重烷基苯磺酸、基础油、氢氧化钙、溶剂、促进剂加入反应器，升温至 $65 \sim 75 \,℃$ 进行中和反应，反应 $30 \sim 60min$ 后将混合物分离得到磺酸钙正盐，再将得到的磺酸钙正盐、促进剂、溶剂、氢氧化钙加入反应器，温度控制在 $40 \sim 50 \,℃$ 之间，通入二氧化碳进行碳酸化反应，当直接碱值降低到约 $20mgKOH \cdot g^{-1}$ 时，将反应混合物分离得到低碱值纳米磺酸钙，然后以制得的低碱值纳米磺酸钙为原料进行二次碳酸化反应，得到了碱值大于 $295mgKOH \cdot g^{-1}$ 的高碱值纳米磺酸钙产品，在中试时采用三次碳酸化反应制备出了碱值和性能相同的高碱值纳米磺酸钙产品。

Kocsis 等[148]在研制磺酸钙、烷基水杨酸钙等纳米钙盐清净剂时采用了第二种多次碳酸化工艺，他们在进行二次、三次碳酸化反应前先升温脱除水和促进剂，然后降温并加入促进剂，再进行碳酸化反应；通过不同次数碳酸化反应制备出了不同碱值的系列纳米钙盐清净剂产品。

1.3.1.4　预处理工艺

预处理工艺是指在合成反应之前对所用物料进行一定的处理，然后再进行合成反应来制备纳米清净剂的工艺过程。如 Dickey 等[145]在制备纳米磺酸镁的过程中，对所用氨水先通入二氧化碳进行处理，将处理后的氨水在碳酸化时加入到反应混合物中，作为促进剂来制备纳米磺酸镁。

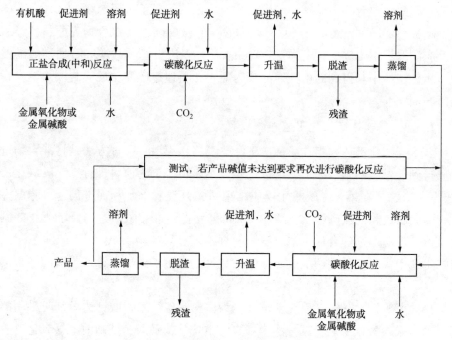

图 1.10　多次碳酸化工艺流程图

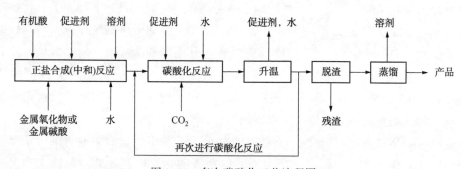

图 1.11　多次碳酸化工艺流程图

姚文钊等[149-151]在制备高碱值纳米清净剂时采用了对金属氧化物进行预处理的合成工艺，其方法是利用表面活性剂和促进剂的作用先将金属氧化物转化为氢氧化物(即熟化反应)，然后加入有机酸进行中和反应，中和反应完成后，再次加入金属氢氧化物或氧化物、通入二氧化碳进行碳酸化反应，反应结束后经分离得到所需产品。采用该方法，制备出了碱值大于 350mgKOH·g^{-1}的高碱值纳米烷基水杨酸钙和碱值大于 380mgKOH·g^{-1}的高碱值纳米钙镁钠复合金属清净剂产品。

1.3.1.5 超重力法合成工艺

通常在纳米清净剂的合成过程中，物料的混合是通过搅拌来完成的，而在超重力法合成工艺中物料的混合是通过旋转所产生的大于重力的离心力来实现的。

罗来龙等[152,153]采用超重力法制备高碱值纳米清净剂的专利中报道的反应器结构如图 1.12 所示，其制备方法为：将有机酸、金属氧化物或金属氢氧化物、溶剂、促进剂加入内循环反应釜中，电机轴带动自吸循环装置和超重力旋转床旋转，使自吸循环装置在釜内物料中旋转形成负压，反应物料经自吸循环装置内的进液器自动吸入至超重力旋转床中，并使吸至其内的物料透过超重力旋转床壁出液孔甩入到内循环反应釜中，如此不断进行混合循环。完成中和反应后，向超重力旋转床中通入二氧化碳气体，采用同样的方式进行碳酸化反应，碳酸化反应结束后，经过后处理，得到高碱值纳米清净剂产品。白生军等[154-156]采

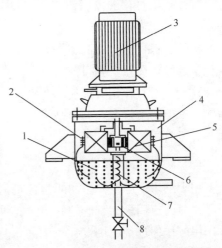

图 1.12 内循环式自吸超重力装置[152]

1—循环物料；2—旋转床壁出液孔；

3—电机；4—内循环反应釜；

5—超重力旋转床；6—自吸循环装置；

7—进液器；8—出料口

用超重力法研究了高碱值石油磺酸钙清净剂合成的工艺条件，制备出了碱值大于 $320\text{mgKOH} \cdot \text{g}^{-1}$ 的纳米石油磺酸钙清净剂。

从以上几种纳米清净剂合成工艺可看出，一步法合成工艺简单易行，但对反应进程较难控制，尤其对碳酸化反应需要严格控制水量的制备过程无法脱除中和反应生成的水；多次碳酸化合成工艺虽然可得到碱值不同的系列产品，但其工艺过程较为复杂，因此在实际生产中这两种合成工艺应用较少。两步法合成工艺克服了一步法和多次碳酸化合成工艺的缺点，预处理工艺在两步法工艺的基础上增加了对金属氧化物的处理，提高了工艺适应性，在当今高碱值纳米清净剂的制备中普遍采用这两种合成工艺方法。超重力合成工艺采用超重力代替搅拌对反应物进行混合，使气液固反应物的混合更均匀，克服了搅拌对反应物混合效果较差的缺点，使得合成反应更容易进行，作为一种新的纳米清净剂合成工艺，具有良好的发展前景。

1.3.2　纳米清净剂合成所用促进剂的研究进展

纳米清净剂的合成过程是一个气、固、液多相体系的胶体物理化学反应过程，其中扩散过程起控制作用，因此在科研和工业生产中普遍采用促进剂（promoter）来加速完成这一复杂过程。促进剂能使反应组分和中间产物较易在不同相之间扩散，保证新生态的碳酸盐微粒不致在水相内很快凝聚成较大粒子而无法形成稳定的胶体体系。到目前为止，人们对促进剂在清净剂合成过程中的作用历程研究较少，对其作用机理还不明确。但促进剂具有不可替代的作用，是提高纳米清净剂碱值的关键所在，也是企业的技术秘密。常用的促进剂主要有醇类、氨类和小分子有机酸类等。

1.3.2.1　醇类促进剂

用于纳米清净剂制备的醇类促进剂主要有甲醇、乙醇、丁醇等小分子醇类。甲醇是目前应用最为普遍的一种促进剂，在各种纳米清净剂的制备过程中几乎都采用甲醇作促进剂，因此，人们通常将甲醇称为"主促进剂"，同时采用的其他促进剂称为"助促进剂（co-promoter）"。除甲醇外，其他低分子醇也可用作促进剂，如罗来龙等[152]在利用超重力旋转床法制备纳米清净剂时采用的促进剂为 $C_1 \sim C_4$ 脂肪醇，Arnold 等[144]在制备纳米磺酸镁时也采用低碳醇作为促进剂。

1.3.2.2　氨类促进剂

氨类促进剂主要有氨水、碳酸铵、乙二胺、尿素等。在大部分纳米清净剂的制备中，特别是纳米镁盐清净剂的制备中，常采用甲醇作为"主促进剂"，氨类作为"助促进剂"使用，可得到碱值较高的纳米清净剂。如丁丽芹等[131]在制备高碱值纳米石油磺酸镁、合成磺酸镁及烷基水杨酸镁时采用甲醇、氨水、碳酸铵和尿素作为促进剂，得到了碱值大于 $390\mathrm{mgKOH \cdot g^{-1}}$ 的纳米镁盐清净剂。Allain 等[126,127]在制备高碱值纳米磺酸镁时采用的促进剂为甲醇和乙二胺。

1.3.2.3　小分子有机酸类促进剂

在纳米清净剂的制备中，小分子有机酸也可作为促进剂使用，如周波[157]在以重烷基苯磺酸为原料合成超高碱值磺酸钙时采用的促进剂为甲醇、甲酸等。Muir 等[124]以甲醇、乙酸等为促进剂制备出了碱值大于 $550\mathrm{mgKOH \cdot g^{-1}}$ 的超碱值纳米磺酸镁。

1.3.2.4　表面活性剂

采用合适的表面活性剂可提高纳米清净剂产品的性能和碱值，从文献报道中可看出，在高碱值纳米清净剂的制备中常采用加入少量第二种表面活性剂来提高产品的性能和碱值。所加入的少量表面活性剂一般称作"助表面活性剂"，有时也称作促进剂。作为一种关键技术，文献报道中很少提及所采用表面活性剂的具体名称。Allain 等[126,127]在制备纳米磺酸镁时除采用甲醇和乙二胺作促进剂外，还加入了适量的油酸和十二酸二乙醇酰胺作为"助表面活性剂"。Muir 等[123]在制备纳米磺酸镁时除采用甲醇和氨类作促进剂外，还选择环烷酸、烷基水杨酸、新癸酸、苯甲酸、油酸等金属盐的一种或两种作为"助表面活性剂"使用。后来他们将促进剂改为甲醇和乙酸，"助表面活性剂"改为直链十二烯基丁二酸酐(DD-SA)，得到了清净性更好的纳米磺酸镁清净剂产品[124]；在制备纳米烷基水杨酸钙时采用的"助表面活性剂"为中性磺酸钙[125]。周波[157]在以重烷基苯磺酸为原料制备超高碱值纳米磺酸钙时采用的"助表面活性剂"为烷基酚钙。

采用不同的表面活性剂对产品性能的影响也不同，如在磺酸盐清净剂的制备过程中加入少量烷基水杨酸，可提高产品的清净性和抗氧化性能，而在硫化烷基酚盐和烷基水杨酸盐的制备过程中加入少量磺酸有利于制备碱值更高的产品[3]。若"助表面活性剂"加入量较大，所得到的产品一般称作混合基质纳米清净剂，这也是当前多功能润滑油纳米清净剂的一个研究和发展方向。

综上所述，促进剂在纳米清净剂的制备中具有很重要的作用，是提高产品碱值的主要手段。在使用时常采用多种促进剂共同作用来制备纳米清净剂，很少采用单一促进剂。甲醇与氨基化合物组成的促进剂体系及甲醇与小分子有机酸组成的促进剂体系在各种纳米清净剂的制备中得到了普遍应用，但氨基化合物和小分子有机酸存在难以回收和利用的缺点。而引入合适助表面活性剂可提高产品的性能和碱值，虽不能完全代替氨基化合物和小分子有机酸促进剂，但可作为目前开发新型促进剂体系的一个研究方向。

1.3.3　纳米清净剂合成反应机理的研究进展

纳米清净剂的合成过程是一个气、液、固同时存在的复杂的反应过程，国内外有很多关于纳米清净剂制备方面的专利和文献资料，但对其合成反应机理的研究相对较少，普遍认为纳米清净剂合成过程是一个复杂的多相物理化学反应过程，涉及气、液(水和油)、固三相，包括一系列在气、液、固相界面间的扩散和不同液相内进行的多种平行和连续反应[158]。由于反应体系的复杂性，对其反应机理，尤其碳酸化反应机理的认识经历了由浅入深、不断积累的过程。

20 世纪 70 年代，人们了解到纳米清净剂是由各种有机酸盐表面活性剂吸附在纳米级碳酸盐（含有少量金属氢氧化物）粒子（粒径小于 100nm）周围形成的一种稳定的胶态物质（胶束）。在碳酸化反应过程中，碳酸盐纳米级粒子是在靠近水、油两相的界面处发生化学反应而生成的[159,160]。1978 年，Marsh[161]经研究认为，碳酸化反应过程很可能是在油包水型的微乳液内进行的，在接近油、水两相界面处生成中间产物微粒后进入油相，最终完成胶团化。

此后，Roman 等[162]运用多种现代实验技术，观察了在纳米清净剂合成过程中碳酸盐粒子的成长过程，指出碳酸化反应是在纳米级的油包水型微乳液的胶团中心发生的，随着碳酸化反应的进行，含有碳酸盐粒子的胶团逐渐聚集增大，最终形成纳米级碳酸盐等微粒的胶态产品。Bandyopadhyaya 等[163]认为在碳酸化过程中，二氧化碳优先进入反胶团，在反胶团内与醇、水和金属氢氧化物等反应，形成纳米级的碳酸盐粒子，同时反胶团也在不停地作布朗运动，当它们互相碰撞时，反胶团中的物质可以穿过界面进入另一反胶团中，相互反应致使碳酸盐等微粒生长增大，而表面活性剂形成的膜的强度限定了反应生成的纳米颗粒的大小和形状。

近年来，张景河等[164]结合反相胶束微反应器（油包水微乳液中形成的反相胶束中的纳米级"水池"）方面的研究成果及对纳米清净剂合成工艺过程的机理已有认识，指出在纳米清净剂碳酸化过程中，碳酸盐粒子是在由表面活性剂形成的反相胶束所构成的"微反应器"中形成的，这种由反相胶束所形成的"微反应器"为碳酸盐粒子的成核、生长提供了纳米级反应空间，因此与"微反应器"相关的表面活性剂的类型和数量，以及加水、加料和各种外在条件等都可影响纳米级碳酸盐的结构、粒度和性能。利用反相胶束微反应器的概念可对纳米清净剂合成工艺的影响因素给出合理的解释[131,165]。

到目前为止，人们对纳米清净剂的合成反应机理的认识还不是很明确，对其过程中所用各种促进剂的作用机理的研究鲜有报道，而促进剂对制备纳米清净剂有着不可替代的作用，因此对纳米清净剂的合成反应机理，尤其各种促进剂的作用机理，有待于进行更深入的研究。

第2章 原料及产品性能和组成测试方法

2.1 原料性质测试方法

2.1.1 磺酸铵有效组分含量的测定方法

合成润滑油清净剂的原料通常都是一些具有特定结构的大分子的有机酸，这类有机酸在其制备、分离时都会不可避免地混入一些稀释剂，很难得到纯有机酸产品，而纯有机酸黏度较大，会输送和使用造成不便，因此，有机酸原料一般都保留有一定量的稀释剂。在润滑油清净剂合成时，有机酸作为主要反应物，其他反应物及各种助剂的加入量都是围绕有机酸的量进行优化确定的。因此，在清净剂合成时需要确定有机酸原料中纯有机酸(即有效组分)的含量。由于有机酸原料中有效组分的分子较大，稀释剂分子较小，因此，可采用橡胶薄膜渗透法测定有机酸原料中的有效组分。

磺酸铵原料是由含有芳烃的润滑油基础油经磺化、醇氨抽提分离得到的，原料中除磺酸铵外，还含有一定量的润滑油基础油，由于磺酸铵原料中有效组分(纯磺酸铵)的分子较大，而原料中的稀释油(润滑油基础油)分子较小，磺酸铵原料中有效组分的含量可采用橡胶薄膜渗透法测定。具体方法为：松开橡胶薄膜套，用石油醚洗涤橡胶薄膜套内外，以除去橡胶薄膜套上的油脂及杂质，随后用风吹干，并检查是否漏气。在橡胶薄膜套中称取约5g原料，并加入约5mL石油醚稀释，将套口箍紧，放入装有约150mL石油醚的广口瓶中浸泡，每小时摇动一次，由于小分子的稀释油可透过橡胶薄膜溶入橡胶薄膜套外的石油醚，而大分子的磺酸铵滞留在橡胶薄膜套内，达到除去溶剂油的目的，8h后取出橡胶薄膜套，将广口瓶中的石油醚倒出后，再加入新鲜的石油醚150mL，将装有样品的橡胶薄膜套再次放入广口瓶中；重复以上步骤，直到从广口瓶中倒出的石油醚颜色与新鲜的石油醚一致后，将橡胶薄膜套中的渗余物及石油醚置入锥形瓶中，通过加热蒸发除去石油醚，烘至恒重称重，通过计算可得到原料中有效组分(纯磺酸铵)的百分含量。

2.1.2 磺酸铵平均分子量的计算

用于合成润滑油清净剂的有机酸通常都是分子量在一定范围的有机酸的混合物，其特点是有机酸官能团相同，烃基链的碳数不同，没有统一的分子量，一般采用平均分子量来评价有机酸的分子大小。本书所用的两种磺酸铵原料中的磺酸铵也是一些分子量不同的磺酸铵的混合物，其分子量采用平均分子量表示。

因原料中的有效组分为纯磺酸铵，而原料中的硫元素主要存在于磺酸官能团上，因此，磺酸铵的平均分子量可通过原料中有效组分含量和硫含量来计算，即：

$$磺酸铵的平均分子量=有效组分含量×32÷硫含量$$
$$磺酸的平均分子量=磺酸铵的平均分子量-17$$

2.1.3 磺酸铵化学组成及其他性质的测定方法

磺酸铵原料的化学组成通过红外光谱进行测定，磺酸铵原料中的硫含量采用GB/T 387《深色石油产品硫含量测定法（管式炉法）》进行测定，运动黏度采用GB/T 265《石油产品运动黏度测定法和动力黏度计算法》进行测定。

2.2 清净剂产品性能测试方法

2.2.1 碱值

总碱值，习惯上称为碱值，是表示润滑油纳米清净剂酸中和能力的一项重要指标，清净剂的分类也是按产品的碱值高低进行的。总碱值简称 TBN，是指与 1g 碱式盐（或正盐）产品中碱性组分等物质量的氢氧化钾的毫克数，实为中和 1g 碱式盐（或正盐）产品所需酸的量，以其等物质量的氢氧化钾毫克数表示，即 $mgKOH \cdot g^{-1}$。

碱值是按照 SH/T 0251《石油产品碱值测定（高氯酸电位滴定法）》标准方法进行测定的。即：以高氯酸的冰乙酸标准溶液为滴定剂，石油醚-冰乙酸为溶剂，对-萘酚苯甲醇为指示剂，测定纳米清净剂中碱性组分的量。滴定终点为试样溶液颜色由橙黄色变为绿色。

2.2.2 运动黏度

运动黏度也是润滑油纳米清净剂的主要性能指标，运动黏度太高，会对清净剂的储运和在润滑油中的调和带来不便，也会影响润滑油的黏度。对于润滑油清净剂，一般采用100℃下的运动黏度来衡量其流动性。运动黏度依据 GB/T 265标准方法进行测定。利用该标准方法在100℃下，测定一定体积的润滑油清净剂在重力作用下流过一个标定好的玻璃毛细管黏度计的时间，黏度计的毛细管常数与流动时间的乘积，即为100℃下润滑油清净剂的运动黏度，其标准单位为 $m^2 \cdot s^{-1}$，通常在实际中使用的单位是 $mm^2 \cdot s^{-1}$。

2.2.3 浊度

浊度能够间接反映润滑油清净剂胶体颗粒的大小及数量，清净剂的浊度参照润滑油清净剂浊度测定法(SH/T 0028—1990)进行测试。

具体方法为：用润滑油基础油作为稀释油，将润滑油清净剂配制成浓度为20%(m/m)的胶体溶液，用浊度计测定其浊度，单位采用 JTU。

考虑到现在普遍使用的浊度仪难以按照"润滑油清净剂浊度测定法(SH/T 0028—1990)"所规定方法进行校准，因此，清净剂与基础油的调配按"润滑油清净剂浊度测定法(SH/T 0028—1990)"规定的20%进行，浊度仪的校准方法参照"GB/T 5750 水质标准检测法"和浊度仪使用方法进行，浊度单位采用 FTU，以此来分析各影响因素对产品浊度的影响。

具体方法为：将5mL浓度为 $10g \cdot L^{-1}$ 的硫酸肼水溶液与5mL浓度为 $100g \cdot L^{-1}$ 的六次甲基四胺水溶液混合，放置24h后用蒸馏水稀释到100mL，此悬浊液的浊度为400FTU，利用此悬浊液按比例配置出浊度为100FTU的悬浊液备用。用污浊水对浊度仪进行调零，用100FTU的悬浊液对浊度仪进行校正。以润滑油基础油为稀释油，将润滑油清净剂配制成浓度为20%(m/m)的胶体溶液，用浊度仪测定其浊度，单位采用 FTU。

2.2.4 钙镁含量的测定

钙镁含量参照 SH/T 0309《含添加剂润滑油的钙、钡、锌含量测定法(络合滴定法)》进行，即将一定量的样品用甲苯和正丁醇的混合溶液溶解，再用盐酸水溶液将其中的钙和镁经抽提分离出来，分离出的水溶液在容量瓶中用水稀释。取一定量的稀释溶液在 pH 值为10时，以铬黑 T 为指示剂，用 EDTA 滴定稀释溶液中钙镁的总含量，再取一定量的稀释溶液在 pH 值为 13 时，用钙指示剂滴定稀释溶液中钙的含量，最后经计算可得到样品中钙和镁的含量。

2.2.5　曲轴箱模拟试验

曲轴箱模拟试验可较好地反映出润滑油的清净性和热氧化安定性，通过润滑油(主要指内燃机油)飞溅到高温金属表面形成漆膜，来模拟曲轴箱中活塞在工作时的成漆情况，根据金属板上的漆膜评级和生焦量，考察润滑油的清净性和热氧化安定性。漆膜评级数值越大，清净性越差，生焦量越大，热氧化安定性越差。测试参照 SH/T 0300《曲轴箱模拟试验法》进行测定。

具体试验条件为：将含 3%清净剂的基础油 310mL 注入成焦板试验器的油箱内，当油温达到 130℃ 左右时，开始加热铝板。最终保持油温 150℃，板温 320℃，每分钟飞溅 15s，停 45s，试验时间为 1h。试验结束后，称量出铝板上的焦的重量，并观察板面性状，与标准比色板进行对比，给出漆膜评级。

2.2.6　抗磨性

由于润滑油纳米清净剂中都含有纳米碳酸盐微粒，在使用过程中能在摩擦表面形成沉积保护膜，可提高润滑油的抗磨性能。清净剂的抗磨性能依照 GB/T 3142《润滑剂承载能力测定法四球法》进行测定。

具体试验条件为：试样为含 3%清净剂的基础油，四球机主轴转速 1450r/min，试验温度为室温，时间 10s，通过改变对钢球的负荷，观察钢球的磨斑直径是否小于该负荷下钢球的补偿直径，确定试样的最大无卡咬负荷 P_B。将试验时间调整为 30min，在同一负荷(392N)进行试验，试验结束后用显微镜在水平和垂直 2 个方向分别测量油杯中 3 个试验刚球的磨斑直径(WSD)，取 3 个试球的平均值作为钢球磨斑直径的测试结果。最后，通过扫描电子显微镜观察磨斑表面形貌。

2.2.7　胶体稳定性

胶体稳定性是纳米清净剂的基本性能，是保证其他使用性能的前提条件。胶体稳定性可通过贮存稳定性和对水稳定性来检测。

贮存稳定性的测试方法为：以基础油为溶剂，将清净剂样品配制成浓度为 10%(质量分数)的溶液，取 100mL 置于特制的带有刻度的锥形玻璃管中，放在烘箱内于 100℃下贮存 7d，记录其中由于清净剂中不稳定的胶粒沉降于锥形玻璃管底部处的沉淀物量(以体积百分数计)，数值愈大，稳定性愈差。

对水稳定性的测试方法为：以基础油为溶剂，将清净剂样品配制成浓度为5%（质量分数）的溶液，再加入2%的水，在70℃下调和15min，使水均匀分散；取100mL置于特制的带有刻度的锥形玻璃管中，放在烘箱内于70℃下贮存7d，记录沉降于锥形玻璃管底部处的沉淀物量（以体积分数计）。

2.2.8　分散性

纳米清净剂的分散性采用斑点分散试验进行测定，即：以炭黑为分散固体，扩散一定时间后，测量炭黑扩散圈直径 d 和油圈直径 D，以两者比值的百分数（$100 \times d/D$）作为衡量清净剂分散性的指标，数值越大，分散性能越好。

具体方法为：将20g炭黑加入80g基础油中，搅拌并研磨2h以便炭黑与基础油充分混合，制备成炭黑油膏。将20g含3%清净剂的基础油与1g炭黑油膏混合，搅拌升温至100℃，并继续搅拌15min，取一洁净的玻璃棒，将油样滴在滤纸的中心，放置24h，测量炭黑扩散圈直径 d 与油圈直径 D，计算出两者比值的百分数，来评价纳米清净剂的分散性。

2.3　清净剂产品化学组成及微观形貌的表征方法

2.3.1　红外谱图

红外光谱可大致判断清净剂的组成结构，也是判断纳米清净剂中碳酸盐存在与否及碳酸盐晶型的主要手段。清净剂的红外谱图采用涂膜法进行测定。

2.3.2　冷冻蚀刻电镜观测技术

冷冻蚀刻电镜观测法所得到的纳米清净剂的微观照片是目前研究清净剂微观形貌的主要手段，它给出了清净剂胶体颗粒的粒度分布情况和胶体颗粒的粒径大小，是判断清净剂结构及性能的主要依据。

清净剂胶粒的粒度分布、颗粒大小、晶型、聚集状态等会对产品的酸中和能力、热稳定性和清净分散性等性能产生显著影响，因而对胶体粒子大小、粒度分布及聚集状态等进行精确的测定，对认识胶体粒子结构、保证产品质量、优化生产工艺以及寻找产品组成结构与性能关系等就显得十分重要。如何判定其胶体结构是否理想，当前国内外最常用的有两类方法，一类是采用小角X-ray（SAXS）、小角中子散射（SANS）以及能量过滤技术（EFEM）等进行测定和计算胶体的结构[7,18,27-32,113,114]。另一类是借助电子显微镜进行直接观测。过去一般采用较简单的"漂洗"方法制样[104]，但漂洗过程中难免使原有的胶体结构形态受到一定干扰破坏，尤其还可能使部分较小的微粒漏失，造成失真或片面误解。对此，20 世纪 70、80 年代，Exxon 和 Shell 公司曾采用过"冷冻蚀刻"或"冷冻断裂"技术制样，取得了进展[115,166]。国内陈恒馥、张景河等以改进的"冷冻蚀刻"制样电镜观测技术对金属清净剂胶体粒子进行了观察，取得了成功[33]。由于实验条件及仪器的限制，目前国内对润滑油清净剂的研究一般都采用冷冻蚀刻电子显微镜观测的方法进行。在对清净剂的研究中普遍发现胶粒粒径越小（一般应小于 80nm），粒度分布范围越窄，胶体稳定性越好，热氧化安定性、高温清净性也就越好[20,108]。

纳米钙镁复合清净剂胶体的微观形貌采用"冷冻蚀刻"电镜观测技术进行。具体方法如下[33]：

① 实验准备：按照医学的一般冷冻蚀刻方法安装好冷冻蚀刻装置，并做好碳棒磨制、铂珠烧制等准备工作。

② 冷冻：将冷冻割断器和样品装好，放入装有液氮的广口保温瓶中，冷冻至液氮停止沸腾，表明冷却温度已达-196℃，从液氮中提出切断器和样品台，以最快速度将样品台安放在切割器中用于升温的杯槽内，再将其放入液氮中冷却，直至沸腾终止。

③ 断裂：自液氮中取出切断器，迅速放入真空喷镀仪内抽真空，待残压达到 $4×10^{-3}$Pa，温度升至-150℃时，猛拉快门，断裂产品，在样品表面留下一横断面。

④ 蚀刻：控制样品台的温度 5min 内升温至-90℃，保持 10min，进行蚀刻。此时，清净剂内的稀释油即进行升华（或汽化），使碳酸镁粒子等胶粒不断暴露出来或在横断面的原位置沉降聚集，而清晰地显示出其原有的粒度分布状态。

⑤ 喷镀复型：采用与样品断面呈 45°角的投影方位喷铂，以增强复型膜的立体感（操作时应先将碳棒预热，再加大电流，使铂在 2~3s 内熔化、汽化），然后在喷铂的基础上与样品表面呈垂直方向喷碳，以加固复型膜。

⑥ 分离、清洗、捞取复型膜：取出割断器，待样品台温度略有升高。清净剂样品呈块状尚未流散时，用一个与样品台小孔相近的金属小棒将样品从台背后顶出并投入洁净的二甲苯中，此时样品溶解，复型膜漂浮在二甲苯中。此后，反复用二甲苯清洗复型膜，再捞出放入清洁的蒸馏水中使膜展开，并用铜网捞膜，在电子显微镜下即可观察其胶体的微观形貌并拍照。

第3章 纳米磺酸钙镁复合清净剂的合成工艺及影响因素

3.1 磺酸铵原料的性质及化学组成

3.1.1 磺酸铵原料的性质

对轻质磺酸铵和重质磺酸铵原料的组成及性质的测定结果如表3.1所示。由表中的数据可看出，轻质磺酸铵原料中的有效组分含量较高，稀释油含量较低，重质磺酸铵原料中的有效组分含量相对较低，稀释油含量较高。有效组分含量高有利于合成出碱值较高的清净剂产品，但由于纯磺酸铵的分子量大、黏度较大，因此，有效组分含量越高(相应地稀释油的含量就会越低)，原料的黏度越大，不利于原料在合成产品过程中的投送。另外，由于原料中的稀释油也是产品中稀释油的主要来源，若原料中的稀释油含量过低，也会造成所合成出的清净剂产品的黏度过大，不利于产品的输送和在润滑油中的调配。合适的稀释油含量可通过合成实验来确定，以能够合成出碱值和运动黏度都能达到要求为宜。

表 3.1 磺酸铵原料的组成及性质

项 目	轻质磺酸铵	重质磺酸铵
有效组分含量/%	69.6	46.6
稀释油(基础油)含量/%	30.4	53.4
硫含量/%	5.37	2.96
磺酸铵平均分子质量/$g \cdot mol^{-1}$	~415	~504
磺酸平均分子质量/$g \cdot mol^{-1}$	~398	~487
运动黏度(100℃)/$mm^2 \cdot s^{-1}$	499.5	111.3

磺酸铵(或磺酸)的平均分子量能大致反映出磺酸化学组成结构中基碳链的长短，而磺酸组成结构中基碳链的长短对磺酸钙镁复合清净剂的制备及性能影响较大，其结构中烃基碳链越短，在合成高碱值产品的过程中，形成的以纳米级碳酸盐为核心的载荷胶团的稳定性越差，容易凝聚成大颗粒，且硕大的颗粒会变为沉渣，影响产品碱值的提高，产品的稳定性也较差。相反，其结构中烃基碳链越长，形成的载荷胶团的稳定性越好，且不易凝聚，相应地产品的稳定性也越好，且有利于合成出碱值较高的清净剂产品。由于磺酸的平均分子质量与其结构中烃基碳链长短有一定的对应关系，因此，从磺酸的平均分子质量可大致判断其是否适宜由于合成润滑油清净剂。据文献报道[23,74,79-84,128,144]，制备磺酸盐清净剂所用的磺酸，其平均分子质量一般都在 380g·mol^{-1} 以上，且有的合成磺酸的平均分子质量高达 800g·mol^{-1} 以上。从表 3.1 中磺酸铵及磺酸的平均分子质量可看出，轻质磺酸铵原料中磺酸的平均分子质量约为 398g·mol^{-1}，重质磺酸铵原料中磺酸的平均分子质量约为 487g·mol^{-1}。由此可见，轻质磺酸铵原料中磺酸的分子质量较小，会增加其制备高碱值润滑油清净剂的难度，对合成出的产品的性能也会造成影响，而重质磺酸铵适合于制备高碱值润滑油清净剂产品。

运动黏度是判断原料输送性能的指标，原料的黏度过大不仅会加大清净剂合成过程中原料投送和反应中间产物输送的难度，也会使产品的黏度增大，影响产品的输送性能。轻质磺酸铵原料 100℃ 的运动黏度高达 499.5mm^2·s^{-1}，为了降低其对合成过程及产品性能的影响，在原料中可加入一定量的基础油来降低原料的黏度，从而改善产品的黏度，加入量可通过实验来确定。而重质磺酸铵原料 100℃ 的运动黏度较小，为 111.3mm^2·s^{-1}，可直接进行清净剂产品的合成。

3.1.2　磺酸铵原料的化学组成

两种磺酸铵原料及纯磺酸铵的红外光谱如图 3.1~图 3.4 所示。

从图 3.1~图 3.4 所示的两种磺酸铵原料及其有效组分(纯磺酸铵)的红外谱图可看出，4 幅谱图中的吸收峰形式及位置基本相似，在 3300~3600cm^{-1} 之间存在游离 N—H 和缔合 O—H 的吸收峰(表明原料中含有微量水)，3030~3300cm^{-1} 之间存在缔合 N—H 吸收峰，2830~2950cm^{-1} 处存在饱和 C—H 伸缩振动吸收峰，1450cm^{-1} 附近存在苯环骨架振动吸收峰，1040~1200cm^{-1} 附近存在磺酸官能团的吸收峰[26]，700~1400cm^{-1} 之间的多个较弱的吸收峰应为碳氢链及苯环取代的吸收峰，其吸收峰也可能与磺酸官能团在此范围内的吸收峰重叠[23,167]，说明 4 个样中都含有磺酸官能团、苯环、烷基碳链及铵等结构，这与石油磺酸的结构是一致的[23,25]。由于轻质磺酸铵与重质磺酸铵的不同之处在于烷基链的平均长度不同，因此，对红外谱图没有影响。磺酸铵原料与纯磺酸铵的不同在于是否含有基础油(稀释油)，而基础油主要是烷烃、环烷烃和芳香烃化合物，其吸收峰与纯磺酸铵的吸收峰是重叠的，因此 4 个样品的主要结构的官能团是一致的，这与 4 个样品红外谱图的分析结果是一致的。

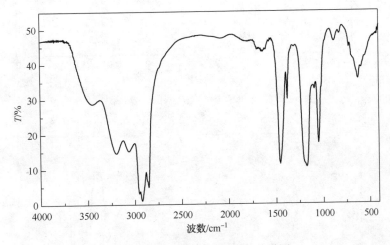

图 3.1　轻质磺酸铵原料的红外谱图

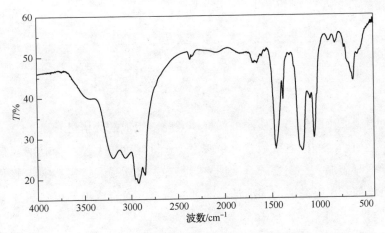

图 3.2　轻质磺酸铵有效组分的红外谱图

43

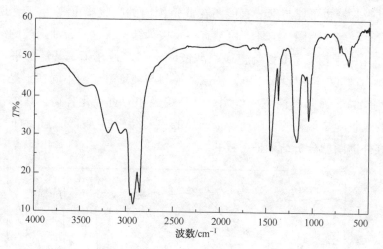

图 3.3　重质磺酸铵原料的红外谱图

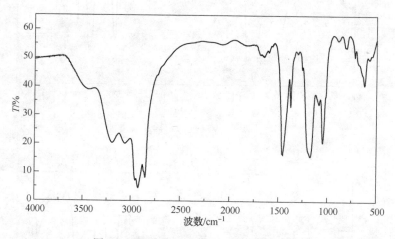

图 3.4　重质磺酸铵有效组分的红外谱图

通过对轻质磺酸铵与重质磺酸铵性质及化学组成的分析可看出：

（1）轻质磺酸铵的有效组分含量较高、运动黏度较大，在合成纳米磺酸钙镁复合清净剂时需加入一定量的基础油进行稀释。轻质磺酸铵原料中磺酸的分子量较小，会增加其制备高碱值润滑油清净剂的难度，对合成出的产品的性能也会造成影响。

（2）重质磺酸铵的有效组分含量适中、运动黏度较低、原料中磺酸的分子量较大，是较为理想的用于制备超高碱值润滑油清净剂的原料。

44

（3）两种原料的化学组成结构都符合磺酸铵的结构特点，都含有磺酸官能团和烷基碳链的结构，可用于合成润滑油金属清净剂产品。

3.2 合成工艺

3.2.1 合成反应基本原理

纳米磺酸钙镁复合清净剂的合成过程主要包括磺酸钙正盐的合成和碳酸化（过碱化）两个反应过程，即：首先磺酸铵与氧化钙在甲醇的作用下，反应生成磺酸钙正盐；得到的磺酸钙正盐与氧化镁、二氧化碳在甲醇、水、助促进剂等的作用下反应生成以纳米级碳酸镁粒子为核心被磺酸钙正盐分子包裹的载荷胶团，并均匀地分散在油相中形成稳定的胶体体系。合成过程的中的两个反应过程的总体反应方程式可表述为：

$$2R\!-\!\langle\,\rangle\!-\!SO_3NH_4 + CaO \xrightarrow{CH_3OH} (R\!-\!\langle\,\rangle\!-\!SO_3)_2Ca + H_2O + 2NH_3$$

$$m(R\!-\!\langle\,\rangle\!-\!SO_3)_2Ca + nMgO + nCO_2 \xrightarrow[\text{助促进剂}]{CH_3OH,\ H_2O} m(R\!-\!\langle\,\rangle\!-\!SO_3)_2Ca \cdot nMgCO_3$$

正盐的合成反应过程较为简单，上述反应方程基本可反映出其反应历程。但碳酸化反应过程较为复杂，上述反应方程式只代表参与反应的物料及最后得到的产物，不能反映出各参与反应的物料的作用历程。碳酸化反应过程包括一系列在气、液、固相界面间的扩散和不同液相内进行的多种平行和连续反应，迄今还有不少问题尚未明确。根据已有的关于润滑油清净剂合成机理方面的文献报道可看出，纳米磺酸钙镁复合清净剂碳酸化反应过程的与反相胶束微反应器的反应模型相近。

而根据微反应器反应模型[122,131,164]，正盐合成反应生成的磺酸钙正盐是一种性能良好阴离子型表面活性剂，当磺酸钙浓度较小时，磺酸钙在油相中是以单分子状态存在的，当其浓度超过 CMC（临界胶束浓度）后，则会形成反相胶束，它以疏水基构成外层，亲水基聚集在一起形成内核，在碳酸化过程中，这种胶团可将水、氢氧化镁等包裹在其中形成油包水型微乳液，即微反应器。而促进剂甲醇（助表面活性剂）一般存在于组成界面膜的磺酸钙分子空隙之间，可降低界面膜的强度，有利于微乳液（反相胶束微反应器）的形成及反应物和中间产物进入微反应器或微反应器间物质的交换[164,165,168-171]。小分子有机胺、无机铵及有机酸等助促进剂对碳酸化反应的促进作用机理还需作进一步研究来确定。二氧化碳通过渗透进入微反应器，在微反应器中与水、氢氧化镁反应生成碳酸镁，最后脱除水、甲醇、助促进剂、溶剂等得到以碳酸镁(含有少量氢氧化镁)为核心被磺酸钙正盐包裹的载荷胶团，并与溶剂油形成稳定的胶体体系。

3.2.2 合成工艺流程

纳米磺酸钙镁复合清净剂是一种主要以碳酸镁纳米级粒子为核心被磺酸钙包裹形成的胶体体系，因此首先需合成出磺酸钙正盐，然后再经碳酸化(过碱化)反应来制备以碳酸镁纳米级粒子为核心被磺酸钙包裹的胶体体系。结合第一章中对润滑油清净剂的合成工艺的介绍及此前对石油磺酸镁合成工艺的研究，根据纳米磺酸钙镁复合清净剂的组成特点，纳米钙镁复合清净剂合成工艺拟采用图 3.5 所示的工艺流程。

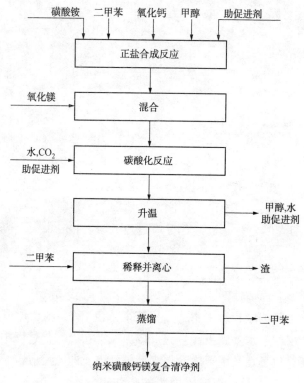

图 3.5 纳米磺酸钙镁复合清净剂合成工艺流程

3.3　影响产品性能的主要因素

（1）氧化镁

氧化镁是合成纳米磺酸钙镁复合清净剂的主要原料，因此选用合适的氧化镁对制备超高碱值的纳米磺酸钙镁复合清净剂至关重要。由于镁的金属性比钙的金属性弱，因此镁盐清净剂的碳酸化远较钙盐困难。最初美国的 Amoco 公司曾用昂贵的金属镁来制备过碱度磺酸镁盐清净剂[77]，由于成本太高，难以推广进行工业化生产。其后经科研工作者的不断努力和探索，研究出了以活性氧化镁为原料制备高碱值镁盐清净剂的工艺方法，在这种工艺方法中，只需加入由各种辅助促进剂构成的混合促进剂就能够制备出各种高碱值镁盐清净剂。除氧化镁的种类外，其加入量对产品的碱值大小具有决定性的影响。结合作者前期对镁盐清净剂合成工艺的研究成果，研究中氧化镁采用上海敦煌化工厂生产的活性60氧化镁。

（2）水

水在纳米清净剂合成过程中起到非常关键的作用，它虽不是产品的组成部分，但没有水的参与，氧化镁很难转化为碳酸镁，理论上在甲醇存在的情况下，氧化镁或氢氧化镁可转换为碳酸镁，但在实际清净剂的合成中，没有水的参与，碳酸化反应是无法进行的。水的加入方式和加入量对纳米清净剂的合成影响也很大，不少专利都是在有机酸金属正盐合成时加入一定量的水；在镁盐清净剂的合成中，有研究如 Dickey 等[78]在合成过碱度磺酸镁时，是在生成正盐之后，碳酸化开始后才开始加入水的。Sabol 在合成过碱度磺酸镁时发现，水的加入速度对产品性能也有很大影响，建议在反应初期缓慢加水[79]。作者在高碱值石油磺酸镁清净剂的合成中证实[130]，水在碳酸化初期缓慢加入有利于合成高碱值的磺酸镁清净剂。有鉴于此，本文合成纳米润滑油清净剂时水的加入方式采用在碳酸化初期缓慢或分次加入的方式。对于结构及种类不同的有机酸、来源不同的金属氧化物等，在清净剂的合成中对水的加入量要求不尽相同，需通过实验来确定。

（3）促进剂

润滑油纳米清净剂合成过程中的碳酸化反应是气、固、液多相体系的胶体物理化学反应过程，在科研和工业生产实践中早已普遍采用促进剂来加速完成这一复杂过程。促进剂能够改变微乳液（反相胶束微反应器）的性质，使反应组分和中间产物在不同相之间扩散和微反应器之间物质的交换较为顺利，有利于反应快速顺利地进行，并且能减少沉渣，提高过滤速度，保证产品的碱值[74]。

甲醇是目前各种润滑油纳米清净剂合成中普遍采用的一种促进剂，为了与其他促进剂进行区分，通常将其称为"主促进剂"，同时采用的其他促进剂称作"助促进剂"。甲醇在油相及水相中均具有较好溶解性，且可与氧化镁反应生成甲醇镁，当通入二氧化碳时，又可进一步生成碳酸化甲醇镁，这些具有甲氧基的中间产物较易扩散入油相并与有机酸正盐形成载荷胶团[1]。从微反应器反应模型的角度看，甲醇作为助表面活性剂，存在于组成微反应器界面膜的有机酸盐分子之间，可降低有机酸盐的临界胶束浓度，形成更多的微反应器，并对微反应器界面膜的强度具有调节作用[170-175]，加入甲醇可使微反应器界面膜强度降低，有利于二氧化碳等渗透进入微反应器，同时微反应器相互碰撞时，微反应器之间也容易进行物质的交换，可促进碳酸化反应的进行。

除甲醇外，在高碱值润滑油纳米清净剂的研制中，还需使用其他助促进剂，这些助促进剂的作用也是至关重要的，虽然到目前为止，人们还不清楚它们在清净剂的合成过程中的作用机理，但在高碱值清净剂的制备中是不可缺少的。这类助促进剂主要是一些无机铵、有机胺类、小分子的醇类[144,152]和有机酸类[124,157]化合物。无机铵和有机胺类包括氨水、碳酸铵、尿素、乙二胺等[124,126,127,131]。单独使用甲醇作促进剂时的促进效果不甚理想，尤其在镁盐清净剂的合成中，效果较差。因此，在高碱值润滑油纳米清净剂的合成中，常以甲醇为主促进剂，并伴以其他助促进剂，很少采用单一一种促进剂。

（4）碳酸化反应时间和温度

碳酸化反应时间和温度对润滑油纳米清净剂产品的碱值和性质都有影响，时间太短，反应不完全，产品的碱值较低；时间太长也会影响产品的碱值和性质。近年来有人研究了当碳酸化时间过长时的老化反应问题，所谓老化反应，是指在制备高碱度金属清净剂过程中，碳酸化反应已基本结束后，但反应混合物仍在恒温搅拌下继续进行的碳酸化反应。Van Zon 等[85]经研究认为适当的老化反应有利于提高产品的碱值、降低产品黏度。刘依农等[110]经研究指出适当地老化反应有利于清净剂产品碱值的提高、胶体粒径和黏度的减小及抗磨性能的提高，但产品中氢氧化物的相对含量明显增加，他们认为这可能是由于固体渣中的氢氧化物在老化过程中重新进入载荷胶团而导致产品碱值有所提高所致。但时间过长，会出现"过碳酸化"现象[164]，也不利于提高产品的碱值。

由于碳酸化反应是在微反应器(微乳液)中进行的，温度过高，微反应器稳定性变差，使形成的胶团化碳酸镁的量减小，沉淀量增加，而且温度过高会降低二氧化碳的溶解度，不利于碳酸化反应的进行，从而降低了产品的碱值。温度太低，反应体系的黏度较大，不利于反应物及中间产物在不同相之间的扩散，造成碳酸化反应速度过低，也会降低产品的碱值。

（5）二氧化碳通入速率

在过碱度清净剂的制备过程中，Dickey 发现[78]在每一特定的碳酸化反应体系中，对每一种金属氧化物材料都存在一个最佳的二氧化碳通入速率，使二氧化碳在系统中保持一定的浓度，此浓度一方面应在可生成纳米级碳酸盐微粒所需的最低浓度之上，另一方面应低于能够造成二氧化碳的浓度过高而产生沉淀的速度，因此，对不同的氧化物原材料，均需通过实验来寻求一个最佳的二氧化碳通入速率[78,79,105,145]。近年来的研究也证实了对每一个特定的反应体系，均存在一个最佳的二氧化碳通入速率，并且产品中胶体粒子的微观形貌与其碳酸化程度之间总存在一定的对应关系，即理想的胶体粒子微观形貌一定对应着一个最佳的碳酸化反应速度[24,122,131]。

第4章 轻质磺酸钙镁复合清净剂的合成及性能

4.1 合成方法

按照第 3 章的合成工艺流程，在装有搅拌器、回流冷凝管、分水器及温度计的三口烧瓶（500mL）中加入 65g 轻质磺酸铵、14g 基础油、180mL 二甲苯，在搅拌（速度约 700r·min⁻¹）状态下加入 5g 氧化钙、15mL 甲醇、3g 尿素，升温至 68~78℃进行正盐合成反应 1h；反应结束后降温至 60℃，加入 20g 氧化镁并混合 20min，然后降温至约 40℃，加入 10mL 水、6mL 氨水和 5g 碳酸铵，其中水和氨水分两次在 20min 内加入（或在 20min 内均匀加入），同时通入二氧化碳（在 20min 内从 80mL·min⁻¹ 增加到 120mL·min⁻¹），进行碳酸化反应 4h，碳酸化反应结束后升温脱除甲醇、水及助促进剂等，待温度降至室温，加入适量二甲苯稀释并进行离心除渣，将除渣后的溶液通过蒸馏脱除其中的二甲苯，即可得到纳米磺酸钙镁复合清净剂产品。

4.2 合成工艺条件对反应的影响

以产品的碱值为主要目标，按照合成方法，单独改变氧化镁加入量、水加入量、甲醇加入量、碳酸化反应温度、碳酸化反应时间、二氧化碳通入速率等，考察其对产品碱值的影响。各影响因素对制备出的磺酸钙镁复合清净剂产品碱值的影响如图 4.1 所示。

由图 4.1(a)可看出，产品碱值随氧化镁加量的增加不断提高，当氧化镁的加入量大于 22g 后，再增加氧化镁的加入量，产品碱值提高幅度不大。氧化镁在碳酸化反应过程中与水、二氧化碳等反应转化为纳米级碳酸镁微粒，并被磺酸钙包裹形成载荷胶团稳定分散在油相中，这种载荷胶团数量的多少及大小直接影响到产品的碱值，因此氧化镁的加入量较小时，形成的载荷胶团的直径较少，产品碱值较低；而当氧化镁加入量增加到一定数量时，在反应中胶体分散体系会达到一种动态平衡，很难使载荷胶团数量增加，此时再增加氧化镁的用量，对提高产品碱值作用不大，反而会造成产品成本的增加。

由图4.1(b)~(f)可看出，水的加入量、甲醇的加入量、二氧化碳的通入速率、碳酸化反应温度及反应时间都存在最佳值。当其在最佳值附近时，合成出的清净剂产品的碱值最大，偏离最佳值后，清净剂产品的碱值都会降低，而且偏离越大，产品碱值越低。因此在钙镁复合清净剂合成时应控制好合成工艺的上述条件，使各工艺条件处于最佳值附近。从图中可看出水加入量的最佳值10mL、甲醇加入量的最佳值为16mL、二氧化碳通入速率的最佳值为120mL·min^{-1}、碳酸化反应温度的最佳值约为42℃、碳酸化反应时间的最佳值为4h。

水是氧化镁转化为碳酸镁的媒介，氧化镁转化为氢氧化镁、氢氧化镁与二氧化碳转化为碳酸镁都需要水的存在，且在碳酸化反应过程，由水和磺酸钙正盐形成的反相胶束微反应器(微乳液滴)的大小与水和磺酸钙的摩尔比有关[164,165]，当水量较小时，水与磺酸钙正盐形成的微反应器的数量少直径小，微反应器中水以结合水为主，自由水量较小，界面强度高，氢氧化镁、二氧化碳等不易进入微反应器，使生成碳酸镁的反应较难进行，此时增加水的加入量有利于反应的进行，有利于产品碱值的提高；而当水的加入量过大时，微反应器的直径变大，稳定性变差，进入微反应器的氢氧化镁不能及时与二氧化碳反应生成碳酸镁，使微反应器在相互碰撞过程中容易因氢氧化镁间的氢键作用凝聚变大而沉淀[171,172]，造成产品碱值降低。

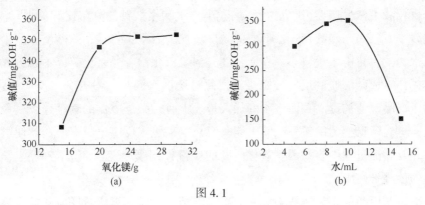

图4.1

51

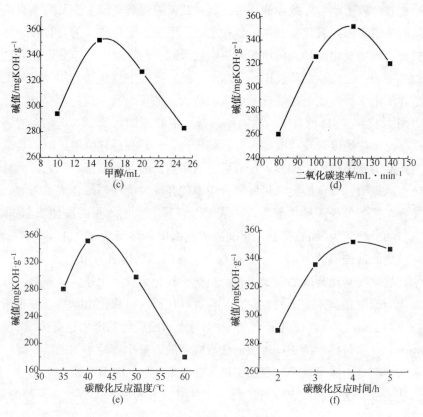

图 4.1 工艺条件对产品碱值的影响

水是氧化镁转化为碳酸镁的媒介，氧化镁转化为氢氧化镁、氢氧化镁与二氧化碳转化为碳酸镁都需要水的存在，且在碳酸化反应过程，由水和磺酸钙正盐形成的反相胶束微反应器(微乳液滴)的大小与水和磺酸钙的摩尔比有关[164,165]，当水量较小时，水与磺酸钙正盐形成的微反应器的数量少直径小，微反应器中水以结合水为主，自由水量较小，界面强度高，氢氧化镁、二氧化碳等不易进入微反应器，使生成碳酸镁的反应较难进行，此时增加水的加入量有利于反应的进行，有利于产品碱值的提高；而当水的加入量过大时，微反应器的直径变大，稳定性变差，进入微反应器的氢氧化镁不能及时与二氧化碳反应生成碳酸镁，使微反应器在相互碰撞过程中容易因氢氧化镁间的氢键作用凝聚变大而沉淀[171,172]，造成产品碱值降低。

促进剂甲醇的碳氢链比磺酸钙的碳氢链短，它位于组成微反应器界面膜的磺

52

酸钙分子之间，可降低微反应器界面膜强度，有利于反应物及中间产物渗透进入微反应器进行反应，微反应器相互碰撞时，易于进行物质的相互交换，有利于纳米碳酸镁粒子的形成和生长。当甲醇量过大时，大量的甲醇可使磺酸钙正盐组成的微反应器界面膜强度变差，微反应器变的极不稳定且易破裂，已形成的纳米碳酸镁粒子容易聚集成大颗粒而进入沉渣[165,171,172]，会造成产品碱值的降低。

二氧化碳是形成碳酸镁的原料，它可穿越微反应器界面膜进入微反应器，在微反应器中与氢氧化镁反应生成碳酸镁。若二氧化碳通入速率过低，则进入微反应器的数量不足，导致产品中以碳酸镁为主要成分的载荷胶团的内核过小，造成产品的碱值较低。反之，若二氧化碳通入速率过大，则由于进入微反应器的二氧化碳量过大，在碳酸化反应过程中的某一时段会使微反应器内核体积急速膨胀，造成微反应器界面膜破裂，在微反应器内已形成的碳酸镁微粒最终混入沉渣，从而造成产品碱值下降。因此，二氧化碳的通入速率存在最佳值，这与在润滑油纳米清净剂的制备中，对于所采用的氧化镁原料存在临界碳酸化速率，即最佳二氧化碳通入速率[78,131]的结论是一致的。

在碳酸化反应过程中，温度太高，会使分子运动加剧，微反应器的界面膜（磺酸钙）难以稳定排列，稳定性变差，且相互碰撞加剧，容易造成其凝聚变大而沉淀，而温度升高也会使二氧化碳在油相和水相中的溶解度降低，这些都不利于产品碱值的提高。碳酸化温度太低，体系黏度较大，微反应器界面膜强度较高，反应物及中间产物扩散进入微反应器的速度较低，且通过微粒的相互碰撞使胶核增大的过程也不易进行[164]，降低了反应速度，从而影响了产品碱值的提高。

碳酸化反应时间太短，反应不完全，而当反应时间太长，会出现"过碳酸化"现象，造成微反应器中碳酸镁颗粒变大，其中颗粒硕大的微反应器会成为沉渣，微反应器间的相互碰撞也会容易凝聚成大颗粒而沉淀，造成产品碱值的降低[164]。

4.3　稀释油加入量对产品碱值和黏度的影响

稀释油（润滑油基础油）加入量对产品碱值和黏度的影响如表 4.1 所示。由表中的数据可看出，随稀释油加入量的增加，产品的碱值和运动黏度不断降低。对于润滑油清净剂而言，运动黏度越低越好，一般应小于 $200mm^2 \cdot s^{-1}$，以保证产品输送性能以及降低在加入润滑油后对润滑油黏度的影响；综合考虑产品碱值及运动黏度随稀释油加入量的变化，选择稀释油加入量为 28g 为宜。

表 4.1 稀释油加入量对产品碱值和黏度的影响

稀释油加入量/g	0	14	28
碱值/mgKOH·g^{-1}	405.4	351.8	322.2
运动黏度（100℃）/mm^2·s^{-1}	1560.2	391.4	116.3

4.4 合成工艺条件的优化

根据以上实验结果，采用 $L_{18}(3^7)$ 正交表，以产品碱值为目标，对轻质磺酸钙镁复合清净剂合成工艺条件进行优化。7 个因素分别为：氧化镁加入量（A）、水加入量（B）、甲醇加入量（C）、碳酸化反应温度（D）、碳酸化反应时间（E）、二氧化碳通入速率（F）及误差（G），各因素水平在单因素实验所得最佳值附近选取。

正交试验中轻质磺酸铵加入量为 65g、稀释油加入量为 28g、氨水 6mL。L_{18}(3^7) 正交实验表的 7 因素 3 水平的数值如表 4.2 所示，正交实验结果如表 4.2 所示。表 4.3 中，$Ki/3$ 表示各因素在同一水平下实验结果（碱值）的平均值，R 为极差。

表 4.2 正交实验因素和水平

水平	A 氧化镁加入量/g	B 水加入量/mL	C 甲醇加入量/mL	D 碳酸化温度/℃	E 碳酸化时间/h	F 二氧化碳速率/mL·min^{-1}	G 误差
1	17	5	10	36	3	80	1
2	22	10	16	42	4	120	2
3	27	15	20	48	5	160	3

表 4.3 正交实验结果

序号	A	B	C	D	E	F	G	碱值/mgKOH·g^{-1}
1	1	1	1	1	1	1	1	203.9
2	1	2	2	2	2	2	2	297.2
3	1	3	3	3	3	3	3	171.5
4	2	1	1	2	2	3	3	265.5

序号	A	B	C	D	E	F	G	碱值/mgKOH·g^{-1}
5	2	2	2	3	3	1	1	288.8
6	2	3	3	1	1	2	2	249.1
7	3	1	2	1	3	2	3	295.2
8	3	2	3	2	1	3	1	310.1
9	3	3	1	3	2	1	2	252.2
10	1	1	3	3	2	2	1	246.7
11	1	2	1	2	3	3	2	241.4
12	1	3	2	1	1	1	3	213.4
13	2	1	2	3	1	3	2	280.2
14	2	2	3	1	2	1	3	315.3
15	2	3	1	2	3	2	1	246.5
16	3	1	3	3	2	1	3	274.5
17	3	2	1	3	1	2	2	306.3
18	3	3	2	1	2	3	1	256.2
$K_{1/3}$	229.0	261.0	252.6	260.2	260.5	258.0	258.7	
$K_{2/3}$	274.2	293.2	271.8	267.9	272.2	273.5	265.8	
$K_{3/3}$	282.4	231.5	261.2	257.6	253.0	254.2	261.2	
R	53.4	61.7	19.2	10.3	19.2	19.4	7.1	

由表 4.3 正交实验结果中极差分析可以看出，实验误差对实验结果的影响较小，可排除实验误差对实验结果的影响。各因素对产品碱值影响大小的顺序为：B（水加入量）>A（氧化镁加入量）>F（二氧化碳通入速率）>E（碳酸化反应时间）>C（甲醇加入量）>D（碳酸化反应温度），各因素的最优组合为 A3B2C2D2E2F2，考虑到氧化镁加入量过大对提高产品碱值作用不大，因此取 A2B2C2D2E2F2 为最佳组合，即氧化镁加入量 22g、水加入量 10mL、甲醇加入量 16mL、碳酸化反应温度 42℃、碳酸化反应时间 4h、二氧化碳通入速率 120mL·min^{-1}。

根据上述实验所得到的最佳工艺条件，按照第三章中的"合成工艺流程"进行重复验证实验，三次实验的结果如表 4.4 所示。

表 4.4　最佳工艺条件验证实验结果

项　目	产品 1	产品 2	产品 3
碱值/mgKOH·g^{-1}	325.4	320.7	328.5
运动黏度（100℃）/mm^2·s^{-1}	129.5	124.6	132.6
浊度/JTU	126	120	140
钙含量/%（质量分数）	1.84	1.81	1.86
镁含量/%（质量分数）	5.86	5.77	5.91

由表 4.4 中的数据可看出，三个产品的碱值、运动黏度、浊度及钙镁含量等都很接近，说明所得到的最佳合成工艺条件具有良好的重复性。

4.5　轻质磺酸钙镁复合清净剂化学组成及微观形貌的表征

根据润滑油清净剂的组成结构特点[1,164]，所合成的纳米磺酸钙镁复合清净剂产品应为：以纳米级碳酸镁粒子（含有少量氢氧化镁）为核心被磺酸钙正盐分子包裹并均匀分散在油相中形成的稳定的胶态体系。利用红外谱和冷冻蚀刻电子显微镜观测技术对清净剂（最佳工艺条件验证实验得到的产品1）的组成结构和微观形貌进行了表征，其结果见图 4.3 和图 4.4。图 4.2 为所用轻质磺酸铵原料的红外谱图。

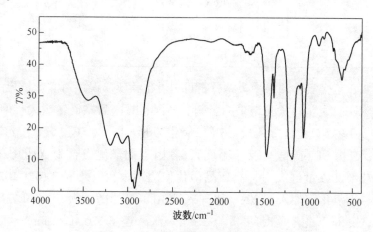

图 4.2　轻质磺酸铵原料的红外谱图

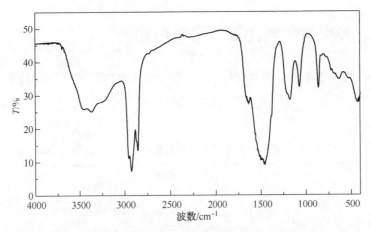

图 4.3　轻质磺酸钙镁复合清净剂产品的红外谱图

从图 4.2 和图 4.3 可看出，原料和产品在 $2830 \sim 2950 cm^{-1}$ 处存在饱和 C—H 伸缩振动吸收峰，$1450 cm^{-1}$ 附近存在苯环骨架振动吸收峰，$1040 \sim 1200 cm^{-1}$ 之间存在磺酸官能团的吸收峰，说明产品和原料的有机部分化学结构是一致的。不同之处为：产品在 $3200 \sim 3600 cm^{-1}$ 之间缔合 O—H 的吸收峰变宽变强，N—H 的吸收峰基本消失，说明磺酸铵已转化为磺酸钙。产品在 $860 cm^{-1}$ 附近存在碳酸镁特征吸收峰，$400 cm^{-1}$ 附近出现的吸收峰属于碳酸镁和氢氧化镁，这表明产品胶粒中含有碳酸镁微粒和少量氢氧化镁，且碳酸镁的晶型为无定型结构[38]。另外苯环和碳酸基团吸收峰重叠使产品 $1400 \sim 1600 cm^{-1}$ 处的吸收峰变宽变强，$1040 \sim 1200 cm^{-1}$ 之间磺酸官能团的吸收峰变宽变强也与其他基团在此处存在吸收峰，造成重叠有关。由此可见产品的组成结构符合磺酸钙镁复合清净剂所需组成结构，含有无定型碳酸镁微粒。

由图 4.4 轻质磺酸钙镁复合清净剂产品的冷冻蚀刻电子显微镜照片可看出，产品中的胶粒粒度分布较均匀，平均粒径约为 50nm，符合润滑油纳米清净剂中胶粒平均粒径应小于 80nm 的要求。

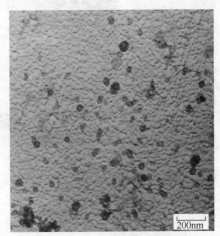

图 4.4　轻质磺酸钙镁复合清净剂产品的冷冻蚀刻电镜照片

4.6 轻质磺酸钙镁复合清净剂性能

轻质磺酸钙镁复合清净剂(最佳工艺条件验证实验得到的产品1)和稀释油的性能测试结果如表4.5所示,成焦板照片如图4.5所示,钢球磨斑照片如图4.6所示。

表 4.5 轻质磺酸钙镁复合清净剂和稀释油的性能测试结果

项 目	稀释油	清净剂产品
漆膜评级/级	7	4.5
生焦量/mg	40.4	47.6
最大无卡咬负荷 p_B/N	205.8	303.8
磨斑直径(392N,30min)/mm	1.41*	1.12
贮存稳定性/%	—	0.0
对水稳定性/%	—	1.5
分散性/%	37.2	42.4

注:*稀释油抗磨试验时间为10min,因出现尖叫和烧结现象,试验无法继续进行。

稀释油　　　　　　　　　　添加清净剂产品的稀释油

图4.5　成焦板照片

(1) 曲轴箱模拟试验

由表4.5中的数据及图4.5可看出,添加轻质磺酸钙镁复合清净剂产品后,成焦板漆膜的颜色明显比未添加清净剂的颜色浅,漆膜评级数值降低,说明添加

<table>
<tr><td>× 75</td><td>200μm</td><td>1147 SEI</td></tr>
</table>

稀释油　　　　　　　　　　　添加清净剂产品的基础油

图 4.6　钢球磨斑照片

纳米磺酸钙镁复合清净剂后，润滑油的清净性得到了提高。但生焦量增加，说明纳米磺酸钙镁复合清净剂会使润滑油的热氧化安定性变差，这与磺酸盐的极性相对较低、临界胶团分解温度较低[1]有关，这与磺酸盐清净剂的抗氧化性能较差[3,9]是一致的。虽然磺酸钙镁复合清净剂不能提高润滑油的热氧化安定性，但所含碱性组分能够中和油品氧化生成的酸性物质，阻止其进一步氧化缩合，沉积物较松软且易于脱落，可减小对发动机缸体的磨损。

（2）抗磨性

由表 4.5 中的数据可看出，添加轻质磺酸钙镁复合清净剂产品 1 后，稀释油的最大卡咬负荷得到了提高，在同样负荷条件下，即使摩擦试验时间较长，钢球的磨斑直径也得到减小。从图 4.6 钢球磨斑照片也可看出，不添加清净剂时钢球磨斑裂纹较大，表面无沉积物，而加入清净剂后，钢球磨斑没有裂痕，且磨斑表面有沉积物生成，说明清净剂中的纳米碳酸镁颗粒及磺酸盐可在使用过程中生成表面保护膜[44,52-54]，具有提高润滑油抗磨性的作用。

（3）胶体稳定性

从表4.5中产品的贮存稳定性和对水稳定性可看出，轻质磺酸钙镁复合清净剂具有较好的贮存稳定性，但其对水稳定性较差。这是由于轻质磺酸的分子量较小、烷基碳链长度较短，形成的胶体颗粒的屏蔽能力较差，遇水后胶粒容易凝聚成大颗粒而沉淀，因而其抗水性较差。

（4）分散性

从表4.5中稀释油和含清净剂稀释油的分散性数据可看出，添加清净剂后能较明显地提高润滑油的分散性，说明清净剂中的磺酸钙分子可吸附在炭黑上，使其胶溶或悬浮于润滑油中，可提高润滑油的分散性。

以上分析结果表明，轻质磺酸钙镁复合清净剂能较明显地提高润滑油的清净性和分散性，对润滑油的抗磨性能也具有一定的提高作用，产品具有较好的贮存稳定性，但其热氧化安定性和对水稳定性较差。

第5章 重质磺酸钙镁复合清净剂的合成及性能

5.1 合成方法

（1）合成方法

按照第三章的合成工艺流程，在装有搅拌器、回流冷凝管、分水器及温度计的三口烧瓶（500mL）中加入80g重质磺酸铵、180mL二甲苯，在搅拌（速度约700r/min^{-1}）状态下加入5g氧化钙、15mL甲醇、3g尿素，升温至68～78℃进行正盐合成反应1h；反应结束后降温至60℃，加入22g氧化镁并保持20min，然后降温至约42℃，加入10mL水、6mL氨水和5g碳酸铵，其中水和氨水分两次在20min内加入（或在20min内均匀加入），同时通入二氧化碳（在20min内从80mL·min^{-1}增加到120mL·min^{-1}），进行碳酸化反应3h，反应结束后升温脱除甲醇、水和助促进剂等，待温度降至室温，加入适量二甲苯稀释并进行离心除渣，将除渣后的溶液通过蒸馏脱除其中的二甲苯，即可得磺酸钙镁复合清净剂产品。

（2）产品产率及渣产率的计算方法

在磺酸钙镁复合清净剂的合成过程中，磺酸铵、氧化钙、氧化镁、二氧化碳是经反应后合成产品的物料，其他如水、甲醇、各种助促进剂等虽参与了反应，但在反应完成后会被除去，另外，溶剂二甲苯在反应后也会被除去，因此，在计算产品产率及渣产率时，反应原料只计算磺酸铵、氧化钙、氧化镁、二氧化碳的量。具体计算方法为：

$$产品产率 = G_1 \div (G_2 + G_3 + G_4 + 44 \times V \times 60 \times t \times p_0 \div R \div T) \times 100\%$$

$$渣产率 = G_5 \div (G_2 + G_3 + G_4 + 44 \times V \times 60 \times t \times p_0 \div R \div T) \times 100\%$$

式中　G_1——产品量，g；

　　　G_2——磺酸铵加入量，g；

G_3——氧化钙加入量，g；

G_4——氧化镁加入量，g；

G_5——渣量，g；

V——二氧化碳通入速率，mL·min^{-1}；

t——碳酸化反应时间，h；

p_0——大气压，atm；

R——气体常数，82.06atm·mL·gmol^{-1}·K^{-1}；

T——大气温度，K。

5.2　合成工艺条件对反应的影响

以产品的碱值、产率、运动黏度为目标，按照合成方法，单独改变氧化镁加入量、水加入量、甲醇加入量、尿素加入量、碳酸铵加入量、碳酸化反应温度、碳酸化反应时间、二氧化碳通入速率等，考察各影响因素对产品碱值、产率、运动黏度的影响。

5.2.1　氧化镁加入量对合成反应的影响

氧化镁加入量对合成反应的影响如图5.1所示。

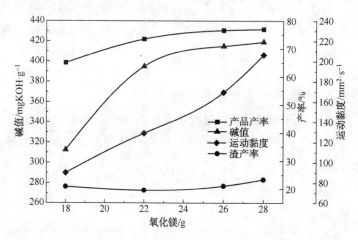

图5.1　氧化镁加入量的影响

由图可看出，产品的碱值、产率和运动黏度随氧化镁加入量的增加而增加，

62

当氧化镁加入量大于24g后，再增加氧化镁的加入量，产品碱值和产率提高幅度不大，但运动黏度增加较快。渣产率随氧化镁加入量的增加出现先降后增的变化趋势，即在氧化镁加入量为24g之前，随氧化镁加入量的增加而略有减小，之后随氧化镁加入量的增加而略有增加。由此可见，氧化镁最适宜加入量应为24g。氧化镁在碳酸化反应过程中与水、二氧化碳等反应转化为纳米级碳酸镁微粒，并被磺酸钙包裹形成载荷胶团分散在油相中，这种载荷胶团的数量及粒径大小对产品的碱值、运动黏度、产率及渣的产率都有不同程度的影响。当氧化镁的加入量较小时，因氧化镁数量不足，所形成的载荷胶团的粒径较小，造成产品碱值较低、相应地产品的黏度，产率也较低，渣产率较高。当氧化镁加入量增加到一定数量时，在反应后期，胶团化碳酸镁的量与碳酸镁沉淀量会达到平衡，再增加氧化镁的加入量，很难使产品的碱值得到提高，但由于载荷胶团粒径变大会造成产品黏度增加较快，且残渣量上升，最终提高了产品的生产成本。

5.2.2 水加入量对合成反应的影响

水加入量对合成反应的影响如图 5.2 所示。

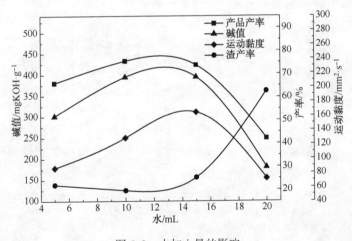

图 5.2　水加入量的影响

由图可看出，当水的加入量小于 12mL 时，随水加入量的增加，产品碱值、产率及运动黏度也随之增加，渣的产率减小。当水的加入量大于 12mL 时，随水加入量的增加，产品碱值及产率快速降低，渣的产率快速增加。产品的运动黏度在水的加入量约为 15mL 时达到最大，之后随水加入量的增加而减小。根据微反应器反应模型[164,165]，在碳酸化反应过程中，表面活性剂磺酸钙与水、氢氧化镁等所形成的微反应器的直径大小与水和磺酸钙的摩尔比及磺酸钙的分子结构有关，当水量较小时，微反应器中的水以结合水为主，自由水量较小，界面强度高，在反应过程中，氢氧化镁、二氧化碳等反应物和中间产物较难通过扩散进入微反应器，且自由水量较小也会使生成碳酸镁的速度降低，此时增加水的加入量有利于反应的进行，有利于产品碱值的提高，相应地产品产率和黏度也会增加，渣的产率减小。当水的加入量过大时，微反应器的直径过大，界面强度降低，稳定性变差，容易破裂，且氢氧化镁进入微反应器的速度会大于二氧化碳的溶入速度，使氢氧化镁不能及时转化为碳酸镁，微反应器相互碰撞过程中也容易因氢氧化镁间的氢键作用凝聚变大而沉淀[171,172]，造成产品碱值及产率的快速降低，渣的产率快速增加。因此需选择合适的水的加入量，在以重质磺酸铵为原料合成磺酸钙镁复合清净剂时，水的加入量为 12mL 时，可得到碱值高、运动黏度适中的产品，且产品产率高、残渣量小。

5.2.3 甲醇加入量对合成反应的影响

甲醇加入量对合成反应的影响如图 5.3 所示。

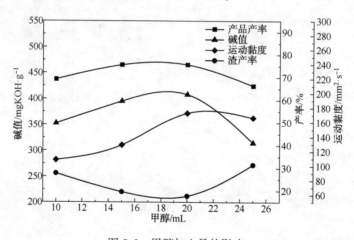

图 5.3 甲醇加入量的影响

由图可看出，当甲醇加入量小于 18mL 时，随甲醇加入量的增加，产品碱值、产率及运动黏度也随之增加，渣产率随之降低。当甲醇加入量大于 18mL 时，随甲醇加入量的增加，产品碱值及产率随之降低，渣产率随之增加。产品的运动黏度在甲醇加入量约为 22mL 时达到最大，之后随甲醇加入量的增加而减小。根据甲醇具有助表面活性剂作用的特点[165,171,172]，甲醇在清净剂合成反应的

64

过程中，位于组成微反应器界面膜的磺酸钙分子之间，有利于微反应器(微乳液)的形成，且可降低微反应器界面膜的强度，反应物和中间产物扩散容易进入微反应器进行反应，另外，微反应器相互碰撞时，易于进行物质的相互交换，有利于纳米碳酸镁粒子的形成和生长。当甲醇量过大时，大量的甲醇可使磺酸钙形成的微反应器界面膜强度变差，微反应器变的极不稳定且易破裂，微反应器在相互碰撞过程中容易聚集成大颗粒而沉淀。由此可见，在甲醇量较小时，反应物及中间产物较难进入微反应器参与反应，造成产品产率低、渣产率高、碱值小，相应运动黏度也较小。在甲醇量过大时，在反应过程中形成的微反应器的稳定性较差，微反应器在相互碰撞过程中容易凝聚成大颗粒而沉降，会造成产品产率降低、渣产率升高、碱值减小。故在以重质磺酸铵为原料合成纳米磺酸钙镁复合清净剂时，甲醇的加入量为18mL较为适宜，此时产品产率高、渣产率小，得到的产品碱值高、运动黏度适中。

5.2.4 尿素加入量对合成反应的影响

尿素加入量对合成反应的影响如图5.4所示。

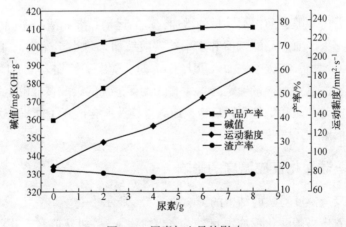

图5.4 尿素加入量的影响

由图可看出，随尿素加入量的增加，产品碱值、产率和运动黏度随之增加，渣产率减小。而当尿素加入量大于4g后，产品碱值随尿素加入量的增加变化不大，但运动黏度增加较快。由此可见尿素最适宜的加入量为4g。作为助促进剂的尿素，其具有促进反应的作用，可能与其可改变水分子间的氢键结构，增加水对氢氧化镁等镁盐的溶解度有关[168]。到目前，胺类物质在清净剂合成过程中的作用机理还不是很明确，还需通过不断的研究来确定其在反应中的作用机理。

5.2.5 碳酸铵加入量对合成反应的影响

碳酸铵加入量对合成反应的影响如图 5.5 所示。

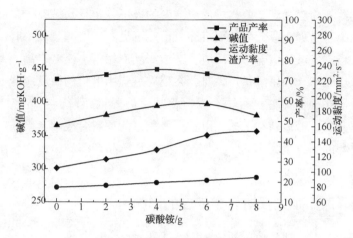

图 5.5　碳酸铵加入量的影响

由图可看出，随碳酸铵加入量的增加，产品运动黏度和渣产率随之增加，但增加幅度都不大。而产品的碱值和产率在碳酸铵加入量小于 4g 时，随碳酸铵加入量的增加而增加，在碳酸铵加入量大于 4g 时，随碳酸铵加入量的增加而减小。因此，碳酸铵的适宜加入量确定为 4g。作为助促进剂的碳酸铵能够有助于提高产品碱值，可能与其能和氢氧化镁反应生成碳酸镁及所含铵离子能提高水对氢氧化镁等镁盐的溶解度[78]有关。

5.2.6 碳酸化反应温度的影响

碳酸化反应温度对实验结果的影响如图 5.6 所示。

从图可看出当碳酸化反应温度约为 45℃ 时，产品的碱值和产率最大。当温度低于 45℃ 时，产品的碱值、产率和运动黏度都随碳酸化反应温度的升高而增大，渣产率降低。当温度高于 45℃ 时，产品的碱值和产率随碳酸化温度的升高而快速降低，运动黏度相应的也有所降低，而渣产率增加幅度也较大。这是因为温度越高，分子运动越剧烈。在碳酸化反应过程中，温度过高，组成微反应器界面膜磺酸钙难以稳定排列，微反应器的稳定性变差，且相互碰撞加剧，容易造成微反应器凝聚变大而沉淀，而温度升高也会使二氧化碳在油相和水相中的溶解度

66

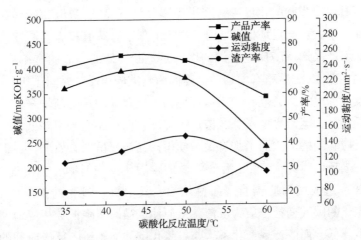

图 5.6　碳酸化反应温度的影响

降低，不利于碳酸化反应的进行，这些都会使产品的碱值和产率降低，渣产率增大。而碳酸化反应温度过低，微反应器界面膜强度较高，反应体系的黏度较大，降低了反应物和中间产物扩散进入微反应器的速度，使反应速度变慢，且通过微反应器间相互碰撞使内核增大的过程也不易进行[164]，从而使产品的碱值和产率降低。根据实验结果，合成工艺中的碳酸化反应温度确定为45℃较为适宜。

5.2.7　碳酸化反应时间的影响

碳酸化反应时间对实验结果的影响如图 5.7 所示。

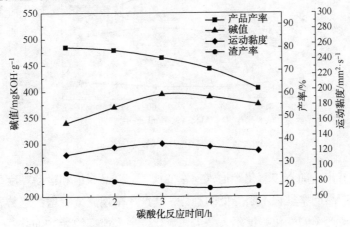

图 5.7　碳酸化反应时间的影响

从图可看出，当碳酸化反应时间小于3h时，产品的碱值和运动黏度随反应时间的增加而增大；当反应时间大于3h后，产品的碱值和运动黏度随时间的增加而降低。而产品产率随反应时间的增加是不断降低的，渣的产率在3h之前是不断降低的，在3h之后略有增加。这是因为当碳酸化反应时间小于3h时，随时间增加，反应深度加深，反相胶束微反应器中碳酸镁的量不断增多，从而使产品的碱值得到提高，运动黏度增加，渣产率降低，而产品的产率降低与二氧化碳的通入量随反应时间的增大而增加有关，使得产品产量虽然有所增大，但其产率却是降低的。当反应时间大于3h后，再增加碳酸化反应时间，会出现过"过碳酸化"现象[164]，造成微反应器直径不断增大，其中直径过大的微反应器会破裂，造成已胶团化的碳酸镁粒子成为沉渣，从而使产品碱值降低，相应地产品运动黏度和产率也降低。而渣产率变化不大与二氧化碳的通入量随反应时间的增大而增加有关。根据实验结果，合成工艺中的碳酸化反应时间确定为3h较为适宜。

5.2.8 二氧化碳通入速率对合成反应的影响

二氧化碳通入速率对合成反应的影响如图5.8所示。

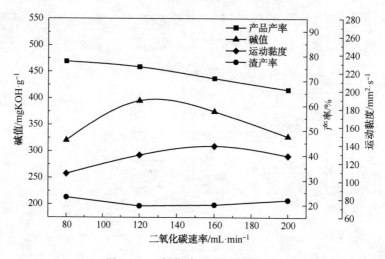

图5.8 二氧化碳通入速率的影响

由图可看出，随着二氧化碳通入速率的增大，产品碱值和运动黏度呈现先增后减的趋势，产品产率呈现不断降低的趋势，渣产率呈现先减后增的趋势，但产品的运动黏度和渣产率的变化幅度不大。当二氧化碳通入速率约为120mL·min⁻¹时，产品碱值最大，渣产率最小，运动黏度适中，由此可见，在碳酸化反应过程中二氧化碳通入速率存在最佳值。根据微反应器反应模型，二氧化碳分子可穿越微反应器界面膜进入微反应器，在微反应器中与氢氧化镁、水反应生成碳酸镁。若二氧化碳通入速率过低，则进入微反应器的二氧化碳的量不足，导致产品中以碳酸镁为主要成分的载荷胶团的内核过小，造成产品的碱值较低。反之，若二氧化碳通入速率过大，则由于进入微反应器的二氧化碳量过大，在碳酸化反应过程中的某一时段会使微反应器内核体积急速膨胀[78,131]，造成微反应器界面膜破裂，在微反应器内已形成的碳酸镁微粒析出并聚集，最终混入沉渣，从而造成产品碱值及产率下降，相应地产品的运动黏度也有所降低。而渣产率增加较小与通入的二氧化碳的总量随其通入的速率增大而增加及沉渣的结构有关。因此，根据实验结果，合成工艺中的最佳二氧化碳通入的速率应为120mL·min^{-1}。

5.3　合成工艺条件的优化

根据单因素实验结果，考虑到助促进剂碳酸铵对实验结果的影响相对较小，因此选择氧化镁加入量(A)、水加入量(B)、甲醇加入量(C)、尿素加入量(D)、碳酸化反应温度(E)、碳酸化反应时间(F)、二氧化碳通入速率(G)等7个因素，以产品碱值为主要目标，并综合考虑产品的运动黏度、产率及渣产率，采用L$_{18}$(3^7)正交表安排实验，对合成工艺条件进行优化。

正交试验中重质磺酸铵加入量为80g、二甲苯为180mL、氧化钙5g、氨水为6mL、碳酸铵为4g。L$_{18}$(3^7)正交实验表的7因素3水平的数值如表5.1所示，正交实验结果如表5.2所示。表5.3为正交实验结果的极差分析结果，表中Ki/3表示各因素在同一水平下实验结果的平均值，R为各因素的极差。

表5.1　正交实验因素和水平

水平	A	B	C	D	E	F	G
	氧化镁 加入量/g	水 加入量/mL	甲醇 加入量/mL	尿素 加入量/g	碳酸化 温度/℃	碳酸化 时间/h	二氧化碳 速率/ mL·min^{-1}
1	20	8	12	2	38	2	80
2	24	12	18	4	45	3	120
3	28	16	24	6	55	4	160

表5.2 正交实验结果

序号	A	B	C	D	E	F	G	碱值/ mgKOH·g^{-1}	运动黏度/ mm^2·s^{-1}	产品产率/ %	渣产率/ %
1	1	1	1	1	1	1	1	320.2	114	75.3	19.4
2	1	2	2	2	2	2	2	394.4	130.1	81.9	16.9
3	1	3	3	3	3	3	3	212.8	90.2	37.2	61.0
4	2	1	1	2	2	3	3	388.1	117.3	68.4	21.0
5	2	2	2	3	3	1	1	379.1	123.2	81.2	27.4
6	2	3	3	1	1	2	2	310.2	118.9	51.5	54.9
7	3	1	2	1	3	2	3	402.6	169.2	67.7	19.8
8	3	2	3	2	1	3	1	410.2	186.2	77.7	22.3
9	3	3	1	3	2	1	2	370.1	108.8	47.0	59.7
10	1	1	3	3	2	2	1	340.0	109.5	78.2	20.1
11	1	2	1	1	3	3	2	325.1	112.5	61.4	44.2
12	1	3	2	2	1	1	3	310.5	105.2	56.4	52.8
13	2	1	2	3	1	3	2	395.6	156.7	70.9	17.3
14	2	2	3	1	2	1	3	402.2	137.5	77.7	21.9
15	2	3	1	2	3	2	1	320.1	99.2	50.4	64.8
16	3	1	3	2	3	1	2	366.2	208.5	75.4	27.4
17	3	2	1	3	1	2	3	402.1	189.3	71.7	24.0
18	3	3	2	1	2	3	1	310.6	110.5	38.5	65.2

表5.3 正交实验极差分析表

项　目		A	B	C	D	E	F	G
碱值	$K_{1/3}$	317.2	368.8	354.3	345.2	358.1	358.1	346.7
	$K_{2/3}$	365.9	385.5	365.5	364.9	367.6	361.6	360.3
	$K_{3/3}$	377.0	305.7	340.3	350.0	334.3	340.4	353.1
	R	59.8	79.8	25.2	19.7	33.3	21.2	13.6
运动黏度	$K_{1/3}$	110.3	145.9	123.5	127.1	145.1	132.9	123.8
	$K_{2/3}$	125.5	146.5	132.5	141.1	119.0	136.0	139.3
	$K_{3/3}$	162.1	105.5	141.8	129.6	133.8	128.9	134.8
	R	51.8	41.0	18.3	14.0	26.1	7.1	15.5

70

项　目		A	B	C	D	E	F	G
产品产率	$K_{1/3}$	65.1	72.7	62.4	62.0	67.3	68.8	66.9
	$K_{2/3}$	66.7	75.3	66.1	68.4	65.3	66.9	64.7
	$K_{3/3}$	63.0	46.8	66.3	64.4	62.2	59.0	63.2
	R	3.7	28.5	3.9	6.4	5.1	9.8	3.7
渣产率	$K_{1/3}$	35.7	20.8	38.8	37.6	31.8	34.7	36.5
	$K_{2/3}$	34.6	26.1	33.2	34.2	34.1	33.4	36.7
	$K_{3/3}$	36.4	59.7	34.6	34.9	40.8	38.5	33.4
	R	1.8	38.9	5.6	3.4	9.0	5.1	3.3

由表 5.3 正交实验极差分析结果可看出，各因素对产品碱值影响的大小顺序为：B>A>E>C>F>D>G，使产品碱值最大化的各因素的最优组合为 A3B2C2D2E2F2G2。对产品运动黏度影响的大小顺序为：A>B>E>C>G>D>F，使产品运动黏度最小化的最优组合为 A1B3C1D1E2F3G1。对产品产率影响的大小顺序为：B>F>D>E>C>A>G，使产品产率最大化的最优组合为 A2B2C3D2E1F1G1。对渣产率影响的大小顺序为：B>E>C>F>D>G>A，使渣产率最小化的最优组合为 A2B1C2D2E1F2G3。

从以上结果可看出，各因素对产品的碱值、运动黏度、产率和渣的产率的影响结果是不完全相同的。

对于氧化镁加入量（A），A1 是产品运动黏度的最佳选择，A2 是产品产率和渣产率的最佳选择。A3 是产品碱值的最佳选择。而 A1 和 A2 的运动黏度数值较接近，A3 的运动黏度数值较大，A2 和 A3 的碱值数值较接近，A1 的碱值数值较小。因此，氧化镁加入量选择 A2 较为适宜。

对于水的加入量（B），B1 是渣产率的最佳选择，B2 是产品碱值和产率的最佳选择，B3 是运动黏度的最佳选择。而 B1 与 B2 渣产率数值较接近，运动黏度数值基本相同，B3 的碱值数值很小，因此，水的加入量选择 B2 较为适宜。

对于甲醇加入量（C），C1 是运动黏度的最佳选择，C2 是产品碱值和渣产率的最佳选择，C3 是产品产率的最佳选择。而 C2 与 C3 产品产率数值基本相同，C1 和 C2 对应的碱值和运动黏度数值的相对变化幅度接近，但提高产品碱值是合成的主要目标，因此，甲醇加入量选择 C2 较为适宜。

对于尿素加入量（D），D1 是运动黏度的最佳选择，D2 是产品碱值、产率及渣产率的最佳选择。而 D1 的碱值和产率数值最低，渣产率数值最高，因此，尿素加入量选择 D2 较为适宜。

碳酸化反应温度(E),E1 产品产率及渣产率的最佳选择,E2 是产品碱值和运动黏度的最佳选择。而 E1 的运动黏度数值较大,且 E1 和 E2 的产品产率和渣产率的数值都较接近,因此,碳酸化反应温度选择 E2 较为适宜。

碳酸化反应时间(F),F1 是产品产率的最佳选择,F2 是产品碱值和渣产率的最佳选择,F3 是运动黏度的最佳选择。而 F1 和 F2 的产品产率数值较为接近,F3 的碱值和产品产率数值最低,渣产率数值最高。因此,碳酸化反应时间选择 F2 较为适宜。

二氧化碳通入速率(G),G1 是运动黏度和产品产率的最佳选择,G2 是产品碱值的最佳选择,G3 是渣产率的最佳选择。而 G1 的碱值数值最低,渣产率数值最高,且 G2 和 G3 对应的碱值和渣产率数值的相对变化幅度接近,但提高产品碱值是合成的主要目标,因此,二氧化碳通入速率选择 G2 较为适宜。

综上所述,以重质磺酸铵为原料合成纳米磺酸钙镁复合清净剂工艺条件的最优组合为 A2B2C2D2E2F2G2,即:在重质磺酸铵加入量 80g、二甲苯加入量 180mL、氨水加入量 6mL、碳酸铵加入量 4g 的情况下,氧化镁加入量为 24g、水加入量为 12mL、甲醇加入量为 18mL、尿素加入量为 4g、碳酸化反应温度为 45℃、碳酸化反应时间为 3h、二氧化碳通入速率为 120mL·min^{-1}。

根据上述实验所得到的最佳工艺条件,按照第 3 章中的"合成工艺流程"进行重复验证实验,三次实验的结果如表 5.4 所示。

表 5.4　最佳工艺条件验证实验结果

项　　目	产品 1	产品 2	产品 3
碱值/mgKOH·g^{-1}	416.6	412.7	422.5
运动黏度(100℃)/mm^2·s^{-1}	138.5	136.6	146.8
浊度/FTU	42.6	44.2	46.5
产品产率/%	76.5	74.5	75.5
渣产率/%	18.5	19.5	19.2
钙含量/%(质量分数)	2.05	2.12	2.09
镁含量/%(质量分数)	7.52	7.48	7.57
有效组分/%(质量分数)	64.2	—	—

由表中的数据可看出，按最佳合成工艺条件得到的三个产品的碱值、运动黏度、浊度、钙镁含量及产品产率和渣产率等都很接近，说明所得到的最佳合成工艺条件具有良好的重复性，三个产品都具有较高的碱值、较低的运动黏度，且产品的产率高，渣产率低。

5.4　合成反应机理的探讨

润滑油纳米清净剂的合成过程从其总体看较为简单，但在此过程中进行的各种反应非常复杂[1]，尤其碳酸化反应过程是一个复杂的多相物理化学反应过程，包括一系列在气、液、固相界面间的扩散和不同液相内进行的多种平行和连续反应[122,164]，且在反应中形成的胶团化碳酸盐的稳定性对最终产品的碱值有很大的影响。这从钙镁复合清净剂合成实验中各工艺条件对反应的影响可得到证实。

在钙镁复合清净剂的碳酸化反应过程中，存在多种反应过程，但氧化镁转化为碳酸镁的主要反应为氧化镁溶入水形成氢氧化镁，氢氧化镁在水中与二氧化碳反应生成碳酸镁[1]，而生成的碳酸镁能否形成稳定的纳米级胶粒并均匀分散在油相中是合成超高碱值磺酸钙镁复合清净剂的关键所在。结合微反应器反应模型，碳酸化反应过程的反应机理可推测为如下反应过程：

在加入水时，氧化镁与水反应生成氢氧化镁，同时水、氢氧化镁、磺酸钙正盐（$CaSu_2$）也会形成反相胶束微反应器（微乳液）：

$$MgO+H_2O \longrightarrow Mg(OH)_2 \qquad (1)$$

$$mCaSu_2+nMg(OH)_2+xH_2O \longrightarrow \{mCaSu_2+nMg(OH)_2+xH_2O\} （微反应器） \qquad (2)$$

当通入二氧化碳后，二氧化碳渗透进入微反应器与氢氧化镁反应生成碳酸镁：

$$\{mCaSu_2+nMg(OH)_2+xH_2O\}+yCO_2 \longrightarrow \{mCaSu_2 \cdot yMgCO_3+(x+n)H_2O\} \qquad (3)$$

而微反应器中生成的水可继续溶入氧化镁和氢氧化镁，并与二氧化碳反应生成碳酸镁，另外微反应器在相互碰撞及重组过程中会不断变大[162]：

$$\{mCaSu_2 \cdot yMgCO_2+(x+n)H_2O\}+m'CaSu_2+zMgO+n'Mg(OH)_2 \longrightarrow$$
$$\{(m+m')CaSu_2 \cdot yMgCO_3+(x+n-z)H_2O+(z+n')Mg(OH)_2\} \qquad (4)$$

$$\{(m+m')CaSu_2 \cdot yMgCO_3+(x+n-z)H_2O+(z+n')Mg(OH)_2\}+y'CO_2 \longrightarrow$$
$$\{(m+m')CaSu_2 \cdot (y+y')MgCO_2+(x+n+n')H_2O\} \qquad (5)$$

在上述反应中，反应（1）、（2）和（3）主要在碳酸化反应初期加入水及通入二氧化碳时进行，而在反应中后期进行的主要是反应（4）和（5）。反应（1）、（2）和

（3）能否顺利进行对反应（4）和（5）影响较大。反应（4）与（5）之间存在一种动态平衡，即在反应（4）中进入微反应器的氢氧化镁与在反应（5）中进入微反应器的二氧化碳的速度相当时，反应能够顺利进行。否则，若反应（4）进行较快，而反应（5）进行较慢，微反应器中氢氧化镁不能及时转化为碳酸镁，会造成微反应器因氢氧化镁间的氢键作用凝聚成大颗粒而沉淀；而反应（5）进行加快时，生成碳酸镁和水的速度较快，反应（4）中微反应器重组的速度较慢，容易造成微反应器破裂，使所生成的碳酸镁成为沉淀；影响产品碱值的提高。

从上述反应过程可看出，当水一次性加入时，水不能快速均匀的分散到反应体系中，造成与悬浮在体系中的氧化镁的接触不均匀，反应（1）中生成的新生态氢氧化镁颗粒大小不一，在反应（2）形成的微反应器中，氢氧化镁颗粒较大的在反应（3）中转化为碳酸镁的速度较慢（氢氧化镁和碳酸镁在水中的溶解度很接近[131,165]），微反应器间容易因氢氧化镁的氢键作用凝聚而沉淀，影响产品碱值的提高。若水的加入量过大，不仅存在上述现象，而且进入微反应器的水量较大，会降低微反应器的稳定性，通过反应（4）和反应（5）生成的碳酸镁容易进入残渣，影响产品的碱值及收率。这与实验中水量过大时，残渣快速增加、产品碱值快速降低的结果是一致的。对水的加入量，一般认为其与氧化镁加入量存在一定的比例关系，水与氧化镁的摩尔比约为 1.5∶1 较为适宜[1,164]。在轻质和重质磺酸钙镁清净剂的合成中，水（包括氨水中的水）与氧化镁的摩尔比分别为：$(16/18)∶(22/40) = 1.48∶1$ 和 $(18/18)∶(24/40) = 1.67∶1$，与此较为接近。由此可见，水的加入量适宜时，会使各步反应平稳进行，最后得到的产品碱值较高。

促进剂甲醇能够降低磺酸钙正盐的临界胶束浓度，形成更多的微反应器，而且甲醇可降低微反应器界面膜的强度，使反应物及中间产物容易扩散进入微反应器，从而可提高各步反应的速度，加速整体反应的进程。而甲醇加入量过大，会降低微反应器的稳定性，微反应器容易凝聚而沉淀，另外甲醇也可能进入连续相[131]，影响整体反应的速度。

二氧化碳通入速率较小时，反应（3）和（5）速度较慢，生成碳酸镁和水的速度变慢，从而使整体反应速度变慢。而二氧化碳通入速率过高时，反应（3）和（5）速度较快，生成碳酸镁和水的速度较快，也可使反应（4）中进入微反应器的氢氧化镁的速度加快，此时微反应器内核增大较快，但反应（4）中微反应器的重组速度相对较慢，容易造成微反应器破裂，使已形成的碳酸镁进入残渣，影响产品碱值的提高。由此可见，对于不同的氧化镁，存在不同的"临界碳酸化速度"，这与镁盐清净剂合成时均存在较适宜的二氧化碳的通入速率的结论是一致的[78,79,105,145]。在轻质和重质磺酸钙镁清净剂的合成中，所用氧化镁相同，其最佳二氧化碳通入速率均为 $120mL \cdot min^{-1}$。

氧化镁的加入量与氧化镁的活性及不能被碳酸化的氧化镁(即"烧死"的氧化镁)的含量有关[78]，另外，在碳酸化反应过程中，氧化镁不可能全部转化为胶团化碳酸镁，有一部分会转化为碳酸镁沉淀，因此其实际用量比氧化镁全部转化为胶团化碳酸镁时所需的理论用量高。在合成反应中，采用性能较好的氧化镁及控制好反应条件都会降低氧化镁的实际用量。在磺酸钙镁复合清净剂合成时，若要得到碱值约为 $350mgKOH \cdot g^{-1}$ 和 $450mgKOH \cdot g^{-1}$ 的清净剂产品，其所需氧化镁的理论用量约为13g 和17g(不计入氧化钙的用量)。轻质和重质磺酸钙镁清净剂的合成实验中得到的氧化镁的适宜加入量与理论用量的比值分别为：22/13 = 1.69 和24/17 = 1.4。轻质磺酸钙镁清净剂的合成中氧化镁用量较大可能与轻质磺酸钙的碳氢链较短，形成的微反应器稳定性相对较低及反应时间较长造成碳酸镁沉淀量较大有关。

从碳酸化反应的过程来看，氧化镁加入量较小时，在反应初期，对反应(1)、(2)和(3)的影响较小，但在反应中后期，对反应(4)和(5)的影响较大，氧化镁量不足，进入微反应器的二氧化碳量较大，会改变产品中碳酸镁的晶型[78]，影响产品的性能。氧化镁加入量较大时，在反应后期，微反应器直径变大使产品碱值升高的速度会与碳酸镁沉淀的速度相当，多余的氧化镁不能转化为产品，会造成产品成本的增加，微反应器直径变大也会使产品的黏度升高，因此氧化镁的加入量不易过大。

碳酸化反应温度对反应及微反应器的稳定性均有影响，反应温度过低，反应物及中间产物进入微反应器的速度较低，降低了整体反应的速度。当温度过高时，微反应器的稳定性变差，相互碰撞过程中容易凝聚而沉淀，降低了胶团化碳酸镁的量。温度过高也会减少二氧化碳进入微反应器的速度降低(温度高会降低油溶剂及水对二氧化碳的溶解度)，在反应(4)中进入微反应器的氢氧化镁不能及时转换为碳酸镁，造成微反应器中氢氧化镁的量较大，微反应器容易凝聚而沉淀，使产品碱值快速降低。这与钙镁复合清净剂合成实验中温度对反应的影响结果是一致的。

碳酸化反应时间较短时，反应深度不够，产品碱值较低。时间较长，反应(5)形成的微反应器的直径较大，微反应器相互碰撞时容易破裂和凝聚，增加了碳酸镁沉淀的量，出现"过碳酸化"现象。因此，需采用适宜的碳酸化反应时间。

综上所述，在钙镁清净剂合成过程中，应控制好各工艺条件，使反应过程中的各个反应能顺利进行，并使微反应器具有较好的稳定性，减小碳酸镁沉淀量，从而提高最终产品的碱值。

5.5　重质磺酸钙镁复合清净剂化学组成及微观形貌的表征

5.5.1　红外谱图

重质磺酸钙镁复合清净剂(最佳工艺条件验证实验得到的产品 1)红外谱图和冷冻蚀刻电子显微镜照片见图 5.10 和图 5.11。图 5.9 为所用重质磺酸铵原料的红外谱图。

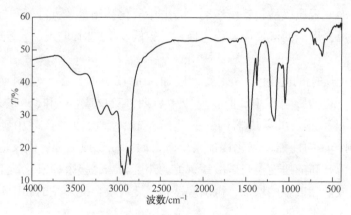

图 5.9　重质磺酸铵原料的红外谱图

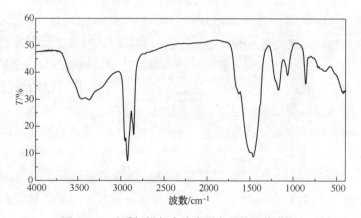

图 5.10　重质钙镁复合清净剂产品的红外谱图

从图 5.9 和图 5.10 所示重质磺酸铵原料和清净剂产品的红外谱图可看出，原料和产品在 2830~2950cm⁻¹ 处存在饱和 C—H 伸缩振动吸收峰，1450cm⁻¹ 附近存在苯环骨架振动吸收峰，1040~1200cm⁻¹ 之间存在磺酸官能团的吸收峰，说明产品和原料的有机部分化学结构是一致的。不同之处为：产品在 3200~3600cm⁻¹ 之间属于缔合 O—H 的吸收峰变宽变强，N—H 的吸收峰基本消失，说明磺酸铵已转化为磺酸钙。产品在 860cm⁻¹ 附近存在碳酸镁特征吸收峰，400cm⁻¹ 附近出现的吸收峰属于碳酸镁和氢氧化镁。另外苯环和碳酸基团吸收峰重叠使产品 1400~1600cm⁻¹ 处的吸收峰变宽变强，1040~1200cm⁻¹ 之间磺酸官能团的吸收峰变宽变强也与其他基团在此处存在吸收峰，造成重叠有关。这表明产品胶粒中含有碳酸镁微粒和少量氢氧化镁，且碳酸镁的晶型为无定型结构[38]，由此可看出产品的组成结构符合纳米磺酸钙镁复合清净剂所需组成结构，产品结构中含有磺酸盐和碳酸镁微粒。

5.5.2 冷冻蚀刻电镜照片

由图 5.11 产品的冷冻蚀刻电子显微镜照片可看出，重质磺酸钙镁复合清净剂中的胶粒粒径分布较均匀，平均粒径约为 40nm，符合润滑油纳米清净剂中胶粒平均粒径应小于 80nm 的要求。

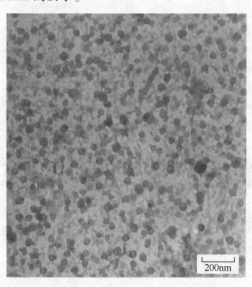

图 5.11　重质钙镁复合清净剂产品的冷冻蚀刻电镜照片

5.5.3 热失重分析

磺酸钙镁复合清净剂与原料磺酸铵的组成有较大差别，通过对其热稳定性的考察可判断出磺酸钙镁复合清净剂的组成。磺酸铵和磺酸钙镁复合清净剂在氮气气氛下的热重(TG)分析结果如图5.12所示。由图可看出磺酸铵原料和清净剂产品的热重曲线差别较大。磺酸铵原料在200~350℃之间失重速度很快，温度达到350℃时，约92%的磺酸铵原料已汽化或分解，而350~800℃之间为分解过程中形成的胶质的进一步分解，约为7%，最后剩残余约1%的胶质。结合重质磺酸铵原料中稀释油的含量为53.4%，从磺酸铵热重曲线可看出，在300℃之前约，磺酸铵原料的失重约为50%，因此可判断出在300℃之前原料的失重主要是稀释油气化和分解引起的，在300℃之后主要是磺酸铵分解引起的。

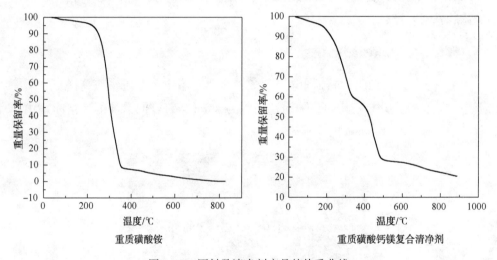

重质磺酸铵   重质磺酸钙镁复合清净剂

图5.12　原料及清净剂产品的热重曲线

从磺酸钙镁复合清净剂的热重曲线可看出，在300℃之前，失重约为30%，在300~400℃之间失重约为15%，400~500℃之间失重约为28%，500~850℃之间失重约为7%，剩余未分解物约为20%。与磺酸铵原料相比可看出，在300℃之前30%的失重主要是由稀释油气化和分解引起的(根据清净剂中钙镁含量、产品及原料中有效组分含量可算出产品中稀释油含量约为37%、磺酸钙正盐的含量约为32%、碳酸钙、碳酸镁等镁盐的含量约为31%)。300~400℃之间失重主要是由碳酸镁及氢氧化镁分解引起的[17]，清净剂中镁含量为7.52%，相应地其碳酸盐分解放出的二氧化碳的量约占清净剂的13.8%，与此温度范围内清净剂的失重较为一致。400~500℃之间约 28%失重与磺酸钙正盐的含量相当，说明此温度范围内的失重主要是由磺酸钙正盐分解引起的，也可看出磺酸铵转化为磺酸钙正盐后其分解温度有所升高。与磺酸铵原料相比，清净剂在 500~850℃之间约 7%失重也主要是由胶质的进一步分解(也包括少量碳酸钙的分解)引起的。剩余20%未分解物主要为氧化镁和氧化钙，也含有少量胶质。

从以上分析可看出磺酸钙镁复合清净剂中含有所需的碳酸镁和磺酸钙正盐，这与清净剂红外谱图的分析结果是一致的。

5.5.4 清净剂中正盐组成分析

为了考察清净剂中金属磺酸正盐的类型，经对不同溶剂及方法的筛选，最后采用将清净剂产品用石油醚溶解，加入少量蒸馏水，用盐酸标准溶液进行滴定(电位滴定法)，当过碱性组分与盐酸反应生成溶于水的盐后(此时溶液 pH 值由预先进行的中和滴定实验得到)，将混合液静止分层后除去水层，并用蒸馏水洗涤两次，将得到的石油醚溶液参照第二章 2.2.4 节中钙镁含量的测定方法测定其中的钙和镁的含量。通过以上方法得到的重质磺酸钙镁复合清净剂(最佳工艺条件验证实验得到的产品 1)产品中正盐部分钙的含量为 1.87%，镁的含量为0.51%，其中镁应为过碱性组分中和反应不完全剩余的镁盐。由此可看出，钙镁复合清净剂中金属正盐部分主要是磺酸钙，这与磺酸钙镁复合清净剂希望金属磺酸正盐为磺酸钙的目的是一致的，也说明所得到的清净剂产品与目标产品的结构是一致的。

5.6 重质磺酸钙镁复合清净剂性能

重质磺酸钙镁复合清净剂(最佳工艺条件验证实验得到的产品 1)和稀释油的性能测试结果如表 5.5 所示，成焦板照片如图 5.13 所示，钢球磨斑照片如图 5.14 所示。

表 5.5　重质磺酸钙镁复合清净剂和稀释油性能测试结果

项　　目	稀释油	清净剂产品
漆膜评级/级	7	4.0
生焦量/mg	40.4	43.6
最大无卡咬负荷 p_B/N	205.8	431.2

项　　目	稀释油	清净剂产品
磨斑直径(392N，30min)/mm	1.41*	0.95
贮存稳定性/%	—	0.00
对水稳定性/%	—	0.35
分散性/%	37.2	41.5

注：＊稀释油抗磨试验时间为10min，因出现尖叫和烧结现象，试验无法继续进行。

5.6.1　曲轴箱模拟试验

由表5.5中的数据及图5.13可看出，添加纳米磺酸钙镁复合清净剂后，成焦板漆膜的颜色明显比未添加清净剂的颜色浅，漆膜评级数值也明显降低，说明添加纳米磺酸钙镁复合清净剂后，润滑油的清净性得到了提高。而生焦量基本相同，说明纳米磺酸钙镁复合清净剂不能提高润滑油的热氧化安定，这与磺酸盐清净剂的抗氧化性能较差是一致的[3,9]。

稀释油　　　　　　　　　　　添加清净剂产品的稀释油

图5.13　成焦板照片

5.6.2　抗磨性

由表5.5中的数据可看出，添加重质磺酸钙镁复合清净剂产品后，稀释油的最大无卡咬负荷得到了明显提高，在同样负荷条件下，即使试验时间较长，钢球的磨斑直径也得到了减小。从图5.14钢球磨斑照片也可看出，不添加清净剂时钢球磨斑裂纹较大，表面无沉积物，而加入清净剂后，钢球磨斑基本没有裂痕，且磨斑表面有明显的沉积物生成，说明清净剂中的纳米碳酸镁颗粒及磺酸盐在使用过程中能在金属表面形成保护膜。也说明重质磺酸钙镁复合清净剂具有较好的抗磨性能，加入润滑油后能够提高润滑油的抗磨性能。

稀释油　　　　　　　　　　　　添加清净剂产品的稀释油

图5.14　钢球磨斑照片

5.6.3　稳定性

从表5.5中产品的贮存稳定性和对水稳定性可看出，重质磺酸钙镁复合清净剂具有较好的贮存稳定性和对水稳定性。重质磺酸的分子量大、烷基碳链长度较长，因此形成的纳米级胶团稳定性好，屏蔽能力强，具有较好的抗水性，遇水后纳米固体微粒不易聚集成大颗粒而沉淀。

5.6.4 分散性

从表 5.5 中稀释油和含清净剂稀释油的分散性数据可看出，添加清净剂后润滑油的分散性得到较明显的提高，这是因为清净剂中的磺酸钙分子可吸附在碳黑上，可使其胶溶或悬浮于润滑油中[1]，从而使润滑油的分散性得到提高，由于重质磺酸的分子量较大，因此对润滑油的分散性提高较为明显。

以上结果表明，重质磺酸钙镁复合清净剂能明显地提高润滑油的清净性能、分散性和抗磨性能，但对润滑油的热氧化安定性改善作用不大，产品具有良好的稳定性。

第6章　重质磺酸水杨酸混合基质钙镁复合清净剂的合成及性能

　　磺酸盐是目前润滑油清净剂中用量最大的一类添加剂，水杨酸盐是一类常用的无硫润滑油清净剂。磺酸盐具有原料易得、综合性能好的特点，水杨酸盐具有清净性、抗氧化性、高温稳定性好的特点[1,3,8,176]。两者在实际应用过程中常采用复配的形式使用，以弥补各自的缺点。但磺酸盐和水杨酸盐在复配使用过程中有时会出现沉淀现象[177]。虽然磺酸盐和水杨酸盐在实际应用过程中常采用复配的形式使用，但对其在制备过程中直接合成出混合基质金属盐清净剂的研究较少。磺酸水杨酸混合基质钙镁复合剂的开发研究可成功解决磺酸盐和水杨酸盐在调和时出现的各种问题，从而满足润滑油及燃料油不断发展的需求[1,3]。

　　结合磺酸盐、水杨酸盐及钙盐、镁盐的特点，本章以重质磺酸铵和水杨酸为原料，通过对磺酸水杨酸混合基质钙镁复合清净剂的合成工艺条件及产品性能的研究，探索提高润滑油清净剂性能的途径。

6.1　有机酸原料

　　本章中所涉及磺酸铵采用玉门炼化总厂生成的重质磺酸铵，水杨酸采用兰州石化公司的添加剂厂生产的烷基水杨酸，其有效组分（纯烷基水杨酸）含量为45%，稀释油含量45%，酚及游离酸含量为15%，平均分子量约为354g·mol^{-1}。

6.2　合成反应基本原理

　　首先磺酸铵（NH_4Su）和水杨酸（HSa）与氧化钙在甲醇的作用下，反应生成磺酸钙正盐和水杨酸钙正盐；得到的磺酸钙正盐和水杨酸钙正盐与氧化镁、二氧化碳在甲醇、水、促进剂等的作用下反应生成以纳米级碳酸镁粒子为核心被磺酸钙正盐和水杨酸钙正盐分子包裹的胶团，并均匀地分散在油相形成稳定的胶态体系。反应方程式如下所示：

$$2(NH_4Su) + CaO \longrightarrow Ca(Su)_2 + H_2O + 2NH_3$$

$$2(HSa) + CaO \longrightarrow Ca(Sa)_2 + H_2O$$

$$x[Ca(Su)_2] + m[Ca(Sa)_2] + nMgO + nCO_2 \longrightarrow x[Ca(Su)_2] \cdot m[Ca(Sa)_2] \cdot n[MgCO_3]$$

6.3 合成方法

在装有搅拌器、回流冷凝管、分水器及温度计的三口烧瓶(500mL)中加入重质磺酸铵及烷基水杨酸共80g、二甲苯180mL,在搅拌(速度约700r·min^{-1})状态下加入5g氧化钙、16mL甲醇、4g尿素,升温至68~78℃进行正盐合成反应1h;反应结束后降温至60℃,加入24g氧化镁并保持20min,然后降温至约45℃,加入10mL水、6mL氨水和4g碳酸铵,其中水和氨水分两次在20min内加入(或在20min内均匀加入),同时通入二氧化碳(在20min内从80mL·min^{-1}增加到120mL·min^{-1}),进行碳酸化反应3h,碳酸化反应结束后升温脱除甲醇、水和助促进剂等,待温度降至室温,加入适量二甲苯稀释并进行离心除渣,将除渣后的溶液通过蒸馏脱除其中的二甲苯,即可得到磺酸水杨酸混合基质钙镁复合清净剂产品。

根据对以重质磺酸铵为原料合成纳米钙镁复合清净剂的研究结果,在重质磺酸水杨酸混合基质钙镁复合清净剂合成时,因原料中重质磺酸铵的含量较大,因此,其碳酸化反应温度、碳酸化反应时间、二氧化碳通入速率及助促进剂(尿素和碳酸铵)的加入量采用重质磺酸原料合成纳米钙镁复合清净剂时得到的结果。只对氧化镁加入量、水加入量、甲醇加入量、磺酸铵与水杨酸混合原料中水杨酸含量等主要影响因素进行考察。

6.4 合成工艺条件的优化

选用L$_9$(3^4)正交实验表对氧化镁加入量(A)、水加入量(B)、甲醇加入量(C)、磺酸铵与水杨酸混合原料中水杨酸含量(D)等因素对产品碱值及性能进行考察,根据实验结果确定各物料的最佳加入量。

表6.1列出了L$_9$(3^4)正交实验中4因素3水平的数值,表6.2为正交实验结果。表6.3为正交实验结果的极差分析,表中 $Ki/3$ 表示各因素在同一水平下实验结果的平均值,R 为各因素的极差。

表 6.1 正交实验因素和水平

水平	A	B	C	D
	氧化镁加入量/g	水加入量/mL	甲醇加入量/mL	水杨酸含量/%
1	18	5	10	12.5
2	24	10	18	25
3	30	15	26	37.5

表 6.2 正交实验结果

序号	A	B	C	D	碱值/mgKOH·g^{-1}	运动黏度/mm^2·s^{-1}	浊度/FTU	产品产率/%	渣产率/%
1	1	1	1	1	325.4	162.0	43.4	71	19
2	1	2	2	2	397.1	126.2	33.3	72.6	15.6
3	1	3	3	3	317.5	89.2	63	62.3	37.4
4	2	1	2	3	309.5	126.7	58.1	62.1	36.6
5	2	2	3	1	386.7	119.4	44.3	75.1	19.7
6	2	3	1	2	384.9	143.7	72.8	65.4	34.3
7	3	1	3	2	356.8	183.4	65	64.8	28
8	3	2	1	3	355.4	131.8	69	58.7	40.8
9	3	3	2	1	405.7	192.1	77.6	70.4	26.4

表 6.3 正交实验极差分析表

项 目		A	B	C	D
碱值	$K_{1/3}$	346.7	330.6	355.2	372.6
	$K_{2/3}$	360.4	379.7	370.8	379.6
	$K_{3/3}$	372.6	369.4	353.7	327.5
	R	25.9	49.2	17.1	52.1
运动黏度	$K_{1/3}$	125.8	157.4	145.9	157.8
	$K_{2/3}$	130.0	125.8	148.3	151.1
	$K_{3/3}$	169.1	141.7	130.7	115.9
	R	43.3	31.6	17.6	41.9
浊度	$K_{1/3}$	46.6	55.5	61.7	55.1
	$K_{2/3}$	58.4	48.9	56.3	57.0
	$K_{3/3}$	70.5	71.1	57.4	63.4
	R	23.9	22.2	5.4	8.3

项　目		A	B	C	D
产品产率	$K_{1/3}$	68.6	66.0	65.0	72.2
	$K_{2/3}$	67.5	68.8	68.4	67.6
	$K_{3/3}$	64.6	66.0	67.4	61.0
	R	4.0	2.8	3.4	11.2
渣产率	$K_{1/3}$	24.0	27.9	31.4	21.7
	$K_{2/3}$	30.2	25.4	26.2	26.0
	$K_{3/3}$	31.7	32.7	28.4	38.3
	R	7.7	7.3	5.2	16.6

由表 6.3 正交实验极差分析表可看出，各因素对产品碱值影响的大小顺序为：D>B>A>C，使产品碱值最大化的各因素的最优组合为 A3B2C2D2。对产品运动黏度影响的大小顺序为：A>D>B>C，使产品运动黏度最小化的最优组合为 A1B2C3D3。对产品浊度影响的大小顺序为：A>B>D>C，使产品浊度最小化的最优组合为 A1B2C2D1。对产品产率影响的大小顺序为：D>A>C>B，使产品产率最大化的最优组合为 A1B2C2D1。对渣产率影响的大小顺序为：D>A>B>C，使渣产率最小化的最优组合为 A1B2C2D1。

从以上结果可看出，各因素对产品的碱值、运动黏度、浊度、产率和渣产率的影响结果是不尽相同。对于氧化镁加入量(A)，A1 是产品运动黏度、浊度、产率和渣产率的最佳选择，A3 是产品碱值的最佳选择。但 A2 和 A3 的碱值数值较接近，A1 和 A2 的运动黏度、浊度、产率和渣产率数值相对较接近，但提高产品碱值是合成的主要目标，综合考虑其影响，氧化镁加入量选择 A2 较为适宜。

对于水的加入量(B)，产品碱值、运动黏度、浊度和渣产率的最佳选择均为 B2，因此，水的加入量选择 B2。

对于甲醇加入量(C)，C2 是产品碱值、浊度、产率和渣产率的最佳选择，C3 是运动黏度的最佳选择。但 C2 和 C3 对应的运动黏度数值的较差别不大，因此，甲醇加入量选择 C2 较为适宜。

对于磺酸铵与水杨酸混合原料中水杨酸含量(D)，D2 是产品碱值的最佳选择，D1 是产品浊度、产率和渣产率的最佳选择，但其数值与 D2 的数值接近；D3 是运动黏度的最佳选择，且 D2 和 D3 的运动黏度数值均较接近。而水杨酸盐的清净性和热氧化安定性较好[3,8]，综合考虑，磺酸铵与水杨酸混合原料中水杨酸含量选择 D2 较为适宜。

综上所述，用重质磺酸铵与水杨酸混合原料合成磺酸水杨酸混合基质纳米钙镁复合清净剂工艺条件中，主要反应物加入量的最优组合为 A2B2C2D2，即：在重质磺酸铵和水杨酸加入量共 80g、二甲苯 180mL、氨水 6mL、尿素和碳酸铵均为 4g 的情况下，氧化镁加入量为 24g、水加入量为 10mL、甲醇加入量为 18mL、原料中水杨酸含量 25%。

根据上述实验所得到的主要反应物料的最佳加入量，三次重复验证实验的结果如表 6.4 所示。

表 6.4　主要反应物料最佳加入量的验证实验结果

项　　　目	产品 1	产品 2	产品 3
碱值/mgKOH·g^{-1}	407.1	402.6	411.5
运动黏度(100℃)/mm^2·s^{-1}	126.2	122.5	134.8
浊度/FTU	38.3	37.4	40.8
产品产率/%	74.5	72.4	76.5
渣产率/%	21.4	24.3	22.4
钙含量/%(质量分数)	2.11	1.98	2.12
镁含量/%(质量分数)	7.32	7.41	7.38

由表 6.4 中的数据可看出，按主要反应物料的最佳加入量合成的三个产品的碱值、运动黏度、浊度、钙镁含量及产品产率和渣产率等都很接近，说明所得到的主要反应物料的最佳加入量及合成工艺条件具有良好的重复性，三个产品都具有较高的碱值、较低的运动黏度和浊度，且产品的产率高，渣产率低。

6.5　磺酸水杨酸混合基质钙镁复合清净剂化学组成及微观形貌的表征

重质磺酸铵原料的红外谱图见第 3 章图 3.3，水杨酸原料的红外谱图如图 6.1 所示，磺酸水杨酸混合基质钙镁复合清净剂(反应物料最佳加入量验证实验得到的产品 1)红外谱图和冷冻蚀刻电子显微镜照片如图 6.2 和图 6.3 所示。

从图 3.3、图 6.1 和图 6.2 原料与产品的红外谱图可看出：产品与重质磺酸铵相比，产品在 3200~3600cm^{-1} 之间属于缔合 O—H 的吸收峰变宽变强，N—H 的吸收峰基本消失，说明磺酸铵已转化为磺酸钙。产品与水杨酸原料相比，产品在 1650cm^{-1} 附近不存在羧酸基吸收峰，这是由于羧酸变为羧酸盐后，吸收峰会向下偏移[167]，从而与其他基团吸收峰重叠。这表明水杨酸已转化为水杨酸钙。除此之外，产品在 860cm⁻¹ 附近存在碳酸镁的特征吸收峰，400cm⁻¹ 附近出现的吸收峰属于碳酸镁和氢氧化镁，这表明产品胶粒中含有碳酸镁微粒和少量氢氧化镁，且碳酸镁的晶型为无定型结构[38]。由于苯环、水杨酸盐和碳酸基团等多个基团的吸收峰在 1400~1600cm⁻¹ 之间重叠，从而使产品在此处的吸收峰变宽变强。产品在 1040~1200cm⁻¹ 之间磺酸官能团的吸收峰变宽变强也与其他基团在此处存在吸收峰，造成重叠有关。由此可看出产品 1 的组成结构符合纳米磺酸水杨酸混合基质钙镁复合清净剂所需组成结构，产品中含有磺酸盐、水杨酸盐及碳酸盐微粒。

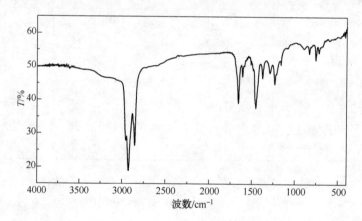

图 6.1 水杨酸红外谱图

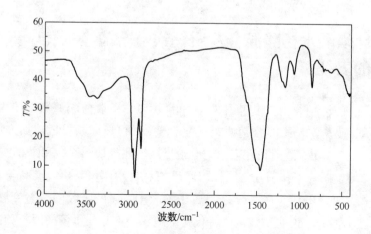

图 6.2 磺酸水杨酸混合基质钙镁复合清净剂产品的红外谱图

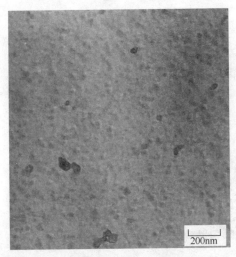

图 6.3　磺酸水杨酸混合基质钙镁复合清净剂产品的冷冻蚀刻电镜照片

由图 6.3 产品的冷冻蚀刻电子显微镜照片可看出，磺酸水杨酸混合基质钙镁复合清净剂中胶粒粒度分布均匀，平均粒径约为 30nm，符合润滑油纳米清净剂中胶粒平均粒径应小于 80nm 的要求。

6.6　磺酸水杨酸混合基质钙镁复合清净剂性能测试结果及分析

重质磺酸水杨酸混合基质钙镁复合清净剂(反应物料最佳加入量验证实验得到的产品 1) 和稀释油的性能测试结果如表 6.5 所示，成焦板照片如图 6.4 所示，钢球磨斑照片如图 6.5 所示。

表 6.5　磺酸水杨酸混合基质钙镁复合清净剂和稀释油性能测试结果

项　　目	稀释油	清净剂产品
漆膜评级/级	7	3.5
生焦量/mg	40.4	35.6
最大无卡咬负荷 p_B/N	205.8	392
磨斑直径(392N，30min)/mm	1.41*	1.01
贮存稳定性/%	—	0.00
对水稳定性/%	—	0.15
分散性/%	37.2	41.4

注：*稀释油抗磨试验时间为 10min，因出现尖叫和烧结现象，试验无法继续进行。

稀释油　　　　　　　　　　添加清净剂产品的稀释油

图 6.4　成焦板照片

 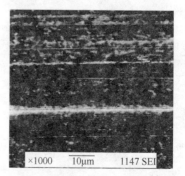

稀释油　　　　　　　　　　添加清净剂产品的稀释油

图 6.5　钢球磨斑照片

6.6.1 曲轴箱模拟试验

由表 6.5 和图 6.4 稀释油和添加磺酸水杨酸混合基质钙镁复合清净剂后稀释油的性能数据及曲轴箱模拟试验后成焦板的照片可看出，添加磺酸水杨酸混合基质钙镁复合清净剂后稀释油的成焦板漆膜的颜色明显比未添加清净剂的稀释油的颜色浅，漆膜评级数值明显减小，生焦量也有一定幅度减小，说明添加磺酸水杨酸混合基质钙镁复合清净剂后，润滑油的清净性和热氧化安定性都得到了一定程度的提高。

6.6.2 抗磨性

由表 6.5 中的数据可看出，添加重质磺酸水杨酸混合基质钙镁复合清净剂产品后，稀释油的最大无卡咬负荷得到了明显提高，在同样负荷条件下，即使摩擦试验时间较长，钢球的磨斑直径也得到了减小。从图 6.5 钢球磨斑照片也可看出，不添加清净剂时钢球磨斑裂纹较大，表面无沉积物，而加入清净剂后，钢球磨斑基本没有裂痕，且磨斑表面有明显的沉积物生成，说明清净剂中的纳米颗粒、磺酸盐及水盐酸盐在使用过程中能在金属表面形成保护膜，减轻金属的磨损。由此可见磺酸水杨酸混合基质钙镁复合清净剂具有较好的抗磨性能，加入润滑油后能够提高润滑油的抗磨性能。

6.6.3 稳定性

从表 6.5 中产品的贮存稳定性和对水稳定性可看出，重质磺酸水杨酸混合基质钙镁复合清净剂具有良好的贮存稳定性和对水稳定性。重质磺酸的分子量大、烷基碳链长度较长，因此形成的纳米级胶团稳定性好，屏蔽能力强，而水杨酸盐极性较强，因此具有更好的屏蔽能力，产品具有良好的抗水性，遇水后，胶粒不易聚集成大颗粒而沉淀。

6.6.4 分散性

从表 6.5 中稀释油和含清净剂稀释油的分散性数据可看出，添加清净剂后可提高润滑油的分散性，这是因为清净剂中的磺酸钙分子和水杨酸钙可吸附在炭黑上，可使其胶溶或悬浮于润滑油中[1]，从而使润滑油的分散性得到提高。

综上所述，合成的重质磺酸水杨酸混合基质纳米钙镁复合清净剂能明显地提高润滑油的清净性，且对润滑油的热氧化安定性、抗磨性能及分散性也具有较好的提高作用，产品具有良好的稳定性。

第7章 纳米钙镁复合清净剂的组成 及结构对其性能的影响

润滑油清净剂组成及结构对其性能影响较大，国外在这方面进行的研究相对较多。在国内，张景河、付兴国、姚文钊等[20,21,178]对各类润滑油清净剂组成结构对其性能的影响进行了较全面的研究。另外，刘彬彬[24]，刘依农等[110]针对所制备出的清净剂的组成结构对其性能的影响进行了初步研究。但大多数研究结果不尽相同，存在分歧或相互矛盾的结论。如关于较大的胶粒粒径是造成胶体稳定性变差的主要因素等结论得到普遍认同，而胶体粒径对清净剂酸中和速度、热氧化安定性和清净性的影响，不同研究者得到的结论不完全相同，看法极不一致[178]。又如姚文钊等[21]经研究认为同类清净剂，碱值越高胶粒的粒径越小，而Belle 等[158]认为磺酸钙清净剂的碱值越高，胶粒的直径越大。这可能与不同研究者所采用的测试方法和手段不完全相同有关。另外，大多数关于清净剂组成及结构对其性能影响的研究结果显示[178]，对于不同类型的清净剂，其组成结构对性能的影响规律不完全相同。因此，本章对所合成出的纳米钙镁复合清净剂的组成结构对其性能的影响进行了研究，为进一步提高钙镁复合清净剂产品的性能和改进合成工艺提供依据。

7.1 钙镁复合清净剂碱性组分组成的测定方法

润滑油清净剂中的碱性组分包括有机酸盐、碳酸盐和少量金属氢氧化物[37,131,178,179]，在实际应用中起酸中和作用的主要是过碱性组分，即碳酸盐和氢氧化物；由于氢氧化物不利于设备的防腐，因此碳酸盐是清净剂中过碱性组分的理想金属化合物。但润滑油清净剂中的各种组分很难准确的进行分离，因此，到目前还没有一种能较准确测定清净剂中的碱性组分组成的方法。电位滴定法虽可大致测定出清净剂中碱性组分的组成(即：有机酸盐、氢氧化物、碳酸盐所产生的碱值占总碱值的份额)，但由于氢氧化物与碳酸盐、碳酸盐与有机酸盐之间的电位突变不明显，较难准确判断电位突变的位置，另外，清净剂中的过碱性组分处于胶团中心，中和滴定时，过碱性组分脱胶团化的速度随其含量的减少而变慢，影响滴定时电位的稳定时间，而滴定时间过长，对滴定的准确度会造成一定的影响，因此，所测得的清净剂的碱性组分组成数据准确性不高[19]。根据清净剂碱性组分中碳酸盐在与无机酸反应时能放出二氧化碳，因此可通过测定所放出的二氧化碳的量来确定清净剂中碳酸盐的含量及其在碱性组分中所占份额。采用收集法收集反应放出的二氧化碳虽可较为准确的测定润滑油清净剂中碳酸盐的含量及其在碱性组分中的份额[35]，但系统温度及水蒸气的影响较大，而消除其影响的难度也较大。为了较为准确的测定纳米磺酸钙镁复合清净剂中碱性组分的组成，分析其对产品性能的影响，本章研究采用以下方法进行碱性组分组成的测定。

磺酸钙在碱性组分中所占份额，可通过测定产品的有效组分含量得到稀释油的含量，而产品中的稀释油来源于磺酸铵原料，原料中的磺酸铵与稀释油的比例是已知的，且原料中的磺酸铵基本上都转化为产品中的磺酸钙，因此按此可计算出磺酸钙在产品碱性组分中所占份额。

磺酸钙在碱性组分中所占份额 $Y_1(\%)$ 为：

$$Y_1 = w_0 \times \frac{100 - w_{01}}{w_{01}} \times \frac{56100}{M_1 \times TBN}$$

式中　w_0——产品中稀释油的百分含量，%；

　　　w_{01}——磺酸铵原料中稀释油的百分含量，%；

　　　M_1——磺酸铵的分子量，$g \cdot mol^{-1}$；

　　　TBN——试样的碱值，$mgKOH \cdot g^{-1}$。

碳酸盐含量测定参考 GB/T 7698—2014《工业用氢氧化钠 碳酸盐含量的测定 滴定法》的方法，并结合清净剂的特点进行了一定的调整，可较好的克服收集法的缺点，准确测定出清净剂中碳酸盐的含量及其在碱性组分中所占份额。实验装置如图 7.1 所示。

在洗气瓶 1 和洗气瓶 2 中加入浓度为 $200g \cdot L^{-1}$ 的氢氧化钠溶液，洗气瓶 3 中加入氢氧化钡饱和溶液，按照图 7.1 安装好仪器后将氮气或空气以每秒约 5 个气泡的速度通入系统，10min 后停止通气。用烧杯称取约 0.2g 试样，用 5mL 二甲苯溶解，加入三口烧瓶中，再用 5mL 二甲苯及 50mL 蒸煮过的无水乙醇洗涤烧杯并加入三口烧瓶。滴定管 1 中加入 6mL 浓度为 $6mol \cdot L^{-1}$ 的盐酸水溶液，吸收

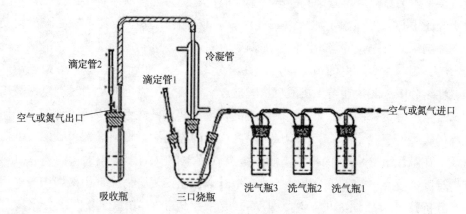

图 7.1　润滑油清净剂中碳酸盐含量测试装置

瓶中加入 50mL 浓度为 $0.05mol \cdot L^{-1}$ 的氢氧化钡溶液和 5 滴酚酞指示剂，滴定管 2 中加入 $0.2mol \cdot L^{-1}$ 的盐酸标准溶液，将仪器按图 7.1 装好，给冷凝器通入冷却水，用滴定管 1 将 5mL 盐酸溶液徐徐加入于三口烧瓶中，并以每秒约 2 个气泡的速度通气 10min，然后边通气边加热三口烧瓶中溶液，溶液沸腾后，维持微沸 20min。停止加热，再提高气速至每秒约 5 个气泡，用滴定管 2 中盐酸标准溶液滴定吸收瓶中剩余的氢氧化钡溶液，至溶液由红色变为无色为终点。

清净剂中碳酸盐百分含量 $w_2(\%)$ 为：

$$w_2 = 100 \times \frac{V_0 - V}{1000} \times \frac{c \times M}{2 \times m} = \frac{(V_0 - V) \times c \times M}{20 \times m}$$

碳酸盐在碱性组分中所占份额 $Y_2(\%)$ 为：

$$Y_2 = \frac{2 \times w_2}{M} \times \frac{1000 \times 56.1}{TBN}$$

$$= \frac{(V_0 - V) \times c \times 5610}{m \times TBN}$$

式中　V_0——空白试验所用盐酸标准溶液的量，mL；

　　　V——测定试样时所用盐酸标准溶液量，mL；

　　　c——盐酸标准溶液浓度，$mol \cdot L^{-1}$；

　　　M——碳酸盐的分子量，$g \cdot mol^{-1}$；

　　　m——试样的量，g；

　　TBN——试样的碱值，$mgKOH \cdot g^{-1}$。

清净剂中氢氧化物的含量较难测定，因此在得到有机酸盐(磺酸钙)及碳酸

94

盐在碱性组分中所占份额后，碱性组分中剩余部分即为氢氧化物在碱性组分中所占份额。即氢氧化物在碱性组分中所占份额 $Y_3(\%)$ 为：$Y_3 = 100 - Y_1 - Y_2$。

将以上方法所测得的清净剂碱性组分的组成与用电位滴定法[19]所测得的结果进行比较，最后确定清净剂碱性组分的组成。

7.2 不同类型清净剂产品的合成

7.2.1 磺酸钙与磺酸镁正盐的合成

根据对纳米有机酸钙盐和镁盐清净剂性能方面的文献资料可看出[1,3,178]，纳米有机酸钙盐具有清净性、氧化安定性好的特点，纳米有机酸镁盐具有碱值高、灰分低、防锈性好的特点。但对有机酸钙正盐和有机酸镁正盐性能的研究报道很少。因此，为了较全面了解影响纳米钙镁复合清净剂性能的因素，有必要考察磺酸钙正盐和磺酸镁正盐的清净性和氧化安定性，进一步明确纳米有机酸钙盐清净性和氧化安定性好于纳米有机酸镁盐的原因。

合成方法：在装有搅拌器、回流冷凝管、分水器及温度计的三口烧瓶中加入80g 重质磺酸铵、180mL 二甲苯，在搅拌(速度约 700r/min)状态下加入 5g 氧化钙(或 5g 氧化镁)、16mL 甲醇、4g 尿素，升温至 68~78℃进行正盐合成反应 1h；反应结束后升温脱除甲醇和水，待温度降至室温，加入适量二甲苯稀释并进行离心除渣，将除渣后的溶液通过蒸馏脱除其中的二甲苯，可得到磺酸钙(镁)正盐产品。

7.2.2 不同钙镁比例清净剂的合成

钙盐清净剂和镁盐清净剂相比，具有较好的清净性和热氧化安定性[20,178]。因此考察纳米磺酸钙镁复合清净剂中钙镁比例对清净剂性能的影响，可为提高纳米磺酸钙镁复合清净剂综合性能提供依据。不同钙镁比例的纳米磺酸钙镁复合清净剂可通过在合成过程中改变氧化钙和氧化镁的加入量来制取。具体方法如下：

在装有搅拌器、回流冷凝管、分水器及温度计的三口烧瓶中加入80g 重质磺酸铵、180mL 二甲苯，在搅拌(速度约 700r/min)状态下加入(10g、15g、20g)氧化钙、18mL 甲醇、4g 尿素，升温至 68~78℃进行正盐合成反应 1h；反应结束后降温至 60℃，加入(20g、15g、10g)氧化镁并保持 20min，然后降温至约 45℃，加入 4g 碳酸铵，12mL 水和 6mL 氨水分两次在 20min 内加入，同时通入二氧化碳（在 20min 内从 80mL·min^{-1} 增加到 120mL·min^{-1}），进行碳酸化反应 3h，碳酸化反应结束后升温脱除甲醇、水和助促进剂等，待温度降至室温，加入适量二甲苯稀释并进行离心除渣，将除渣后的溶液通过蒸馏脱除其中的二甲苯，得到三个纳米磺酸钙镁复合清净剂产品：TSGM01、TSGM02、TSGM03。

7.2.3 不同碱性组分组成清净剂的合成

为了考察碱性组分组成对纳米磺酸钙镁复合清净剂性能的影响，考虑到碳酸化反应时间及二氧化碳通入速率不同，清净剂中碳酸盐含量可能不同，因此，采用不同的碳酸化反应时间来制取碱性组分组成不同的清净剂。实验中碳酸化反应时间分别为 1h、3h、5h。具体合成方法参照 7.2.2 中的合成过程进行。得到的三个纳米磺酸钙镁复合清净剂产品为：TSGM04、TSGM05、TSGM06。

7.2.4 不同基质钙镁复合清净剂的合成

不同基质的纳米钙镁复合清净剂采用在纳米钙镁清净剂合成工艺研究中得到的轻质磺酸钙镁复合清净剂、重质磺酸钙镁复合清净剂、重质磺酸水杨酸混合基质钙镁复合清净剂产品，对其性能进行对比，分析不同基质对钙镁复合清净剂性能的影响。

7.3 磺酸钙与磺酸镁正盐性能的比较

磺酸钙正盐和磺酸镁正盐产品的性能数据如表 7.1 所示，曲轴箱模拟试验中成焦板的照片如图 7.2 所示。由表 7.1 中的数据可看出，磺酸钙正盐和磺酸镁正盐的碱值和运动黏度比较接近，磺酸钙正盐的浊度较磺酸镁正盐的低。从使用性能来看，磺酸钙正盐的分散性要好于磺酸镁正盐的分散性；磺酸钙正盐的漆膜评级及生焦量也都较低，从图 7.2 所示的成焦板照片也可看出，磺酸钙正盐成焦板的颜色比磺酸镁正盐成焦板的颜色浅。由此可见，磺酸钙正盐的分散性、清净性和热氧化安定性比磺酸镁正盐好。这说明在合成纳米磺酸钙镁复合清净剂时正盐采用磺酸钙，有利于提高产品的分散性、清净性和热氧化安定性。也说明钙盐清净剂的清净性和热氧化安定性好于镁盐清净剂除与镁盐中氢氧化物含量较高有关外[178]，也与有机酸钙正盐的清净性和热氧化安定性较好有关。

表 7.1 磺酸钙与磺酸镁正盐的性能数据

项　目	磺酸钙正盐	磺酸镁正盐
碱值/mgKOH·g^{-1}	49.2	53.6
运动黏度（100℃）/mm^2·s^{-1}	73.0	69.6
浊度/FTU	13.2	22.7
漆膜评级/级	5.5	6
生焦量/mg	32.5	38.6
分散性/%	47.5	45.6

磺酸钙正盐　　　　　　　　　磺酸镁正盐

图 7.2　磺酸钙与磺酸镁正盐的成焦板照片

7.4　钙镁复合清净剂中钙镁比例对其性能的影响

采用改变氧化钙和氧化镁加入量合成的钙镁比例不同的三个磺酸钙镁复合清净剂产品的性能数据如表 7.2 所示，曲轴箱模拟试验中成焦板的照片如图 7.3 所示。

表 7.2　不同钙镁比例产品的性能数据

项　目	TSGM01	TSGM02	TSGM03
氧化钙加入量/g	10	15	20
氧化镁加入量/g	20	15	10
钙含量/%	3.6	5.5	7.5

项 目	TSGM01	TSGM02	TSGM03
镁含量/%	6.6	4.8	2.9
钙镁的比例	0.55	1.15	2.59
碱值/mgKOH·g^{-1}	408.8	385.9	353.8
运动黏度(100℃)/mm^2·s^{-1}	121.7	95.7	90.9
浊度/FTU	38.8	30.7	35.4
漆膜评级/级	4.0	3.5	3.5
生焦量/mg	45.1	44.9	38.6
贮存稳定性/%	0.00	0.00	0.00
对水稳定性/%	0.29	0.25	0.21
分散性/%	41.2	42.5	44.2

图7.3　不同钙镁比例产品的成焦板照片

　　由表7.2可看出,随氧化钙加入量的增加及氧化镁加入量的减小,产品中钙的含量不断增加,镁的含量不断减小,相应钙镁比例是不断增加的,但产品的碱值有所降低。随产品中钙镁比例的增加,产品的运动黏度降低、稳定性和分散性提高、曲轴箱模拟试验的漆膜评级及生焦量减小,从图7.3产品的成焦板照片也明显的看出,漆膜的颜色随钙镁比例的增大是不断变浅的。由此可见,纳米磺酸钙镁复合清净剂中钙镁比例对其性能有一定的影响,钙镁比例越高,产品的综合性能越好,这可能与氧化钙容易转化为碳酸钙,而氧化镁较难转化为碳酸镁,从而使得产品中氢氧化物的量随钙含量的增加而减小有关[178]。而 TSGM03 与

TSGM02相比，浊度随钙镁比例的增大而增大可能与产品中载荷胶团的粒径较大有关，因为对于同一基质的钙盐清净剂，随碱值增大，产品中载荷胶团的粒径越小[21]。综上所述，在保证产品碱值的基础上，适当增加产品中钙的含量有助于提高产品的综合性能。

7.5 碱性组分组成对钙镁复合清净剂性能的影响

采用改变碳酸化时间合成的碱性组分组成不同的三个磺酸钙镁复合清净剂产品的性能数据如表7.3所示，曲轴箱模拟试验中成焦板的照片如图7.4所示。由表7.3可看出，通过改变碳酸化时间得到的三个磺酸钙镁复合清净剂产品，其碱性组分中磺酸钙正盐占碱值份额比较接近，随碳酸化时间的增加，碱性组分中碳酸镁占碱值份额不断增加，氢氧化镁占碱值份额不断减小。而产品的碱性组分中碳酸镁占碱值份额越高、氢氧化镁占碱值份额越低，产品的运动黏度越低、稳定性越好、曲轴箱模拟试验的成焦量也越低，漆膜评级基本相同，但从图7.4中产品的成焦板照片可看出，漆膜的颜色也有变浅的趋势。这与氢氧化物含量过高时产品中胶粒粒度分布不均及氢氧化物对油品的氧化具有一定的促进作用有关[178]。TSGM06与TSGM05相比，其浊度变大可能与碳酸化反应时间过长造成产品中载荷胶团粒径较大有关，分散性提高与产品价值低，产品中游离的磺酸钙正盐数量较多有关。由此可见，纳米磺酸钙镁复合清净剂中碱性组分组成对其性能有一定的影响，碱性组分中碳酸镁占碱值份额越高、氢氧化镁占碱值份额越低，产品的综合性能越好。

表7.3 不同碱性组分组成产品的性能数据

项 目	TSGM04	TSGM05	TSGM06
碳酸化时间/h	1	3	5
磺酸钙正盐占碱值份额/%	11.8	10.6	11.1
碳酸盐镁占碱值份额/%	54.5	59.8	61.7
氢氧化镁占碱值份额/%	33.7	29.6	27.2
碱值/mgKOH·g^{-1}	345.1	389.4	375.6
运动黏度(100℃)/mm^2·s^{-1}	96.4	85.3	81.1

项 目	TSGM04	TSGM05	TSGM06
浊度/FTU	38.7	28.8	33.6
漆膜评级/级	4.0	4.0	4.0
生焦量/mg	47.7	45.7	44.7
贮存稳定性/%	0.00	0.00	0.00
对水稳定性/%	0.48	0.35	0.31
分散性/%	42.8	42.1	42.4

TSGM04   TSGM05   TSGM06

图 7.4   不同碱性组分组成产品的成焦板照片

7.6   钙镁复合清净剂碱值与其性能的关系

两种碱值不同的重质磺酸钙镁复合清净剂产品的性能数据如表 7.4 所示；其冷冻蚀刻电镜照片如图 7.5 所示。

表 7.4   不同碱值磺酸钙镁复合清净剂产品的性能数据

编号	碱值/ mgKOH·g^{-1}	运动黏度/ mm^2·s^{-1}	浊度/ FTU	平均粒径/ nm	漆膜评级/ 级	生焦量/ mg	贮存稳定性/%	对水稳定性/%	分散性/%
磺酸钙镁 1	331.6	75.5	45.7	35	4	49.1	0	0.38	43.2
磺酸钙镁 2	412.6	132.5	42.6	40	3.5	43.6	0	0.35	41.5

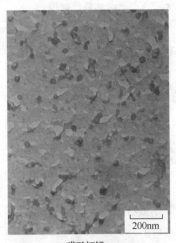
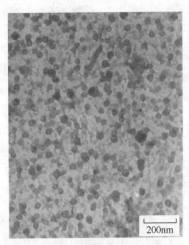

磺酸钙镁1　　　　　　　　　　　　　　磺酸钙镁2

图 7.5　不同碱值磺酸钙镁复合清净剂冷冻蚀刻电镜照片

由表 7.4 可看出,对于基质相同,碱值不同的两种磺酸钙镁复合清净剂,碱值越大,产品运动黏度越大、浊度减小、胶体平均粒径稍有增加、漆膜评级及生焦量有所降低、稳定性提高、分散性降低。从图 7.5 冷冻蚀刻电镜照片看出,随碱值的增加,清净剂胶粒粒度分布越均匀,其胶粒数目有增加的趋势,而胶粒的平均粒径基本相同。由此可见,对于同一种基质的钙镁复合清净剂,碱值越高,产品中的胶粒数目越多,使得产品的运动黏度越大,胶粒的粒度分布更均匀也使得产品的透明度和稳定性得到提高,但正盐自由分子和非载荷胶团数量减少使其分散性有所降低。碱值越高,产品的酸中和性能越强,也使得产品的清净性及热氧化安定性得到了一定的提高。这表明纳米钙镁复合清净剂的碱值越高,其综合性能越好。

7.7　混合基质中磺酸盐水杨酸盐相对含量与其性能的关系

重质磺酸铵和水杨酸混合原料中水杨酸含量分别为 12.5%、25%、37.5%时合成出的三种磺酸盐水杨酸盐相对含量不同的混合基质钙镁复合清净剂产品(磺酸水杨酸钙镁 1、磺酸水杨酸钙镁 2、磺酸水杨酸钙镁 3)的性能测试数据如表 7.5 所示,冷冻蚀刻电镜照片如图 7.6 所示。

表 7.5　磺酸水杨酸混合基质钙镁复合清净剂产品的性能数据

项　目	磺酸水杨酸钙镁 1	磺酸水杨酸钙镁 2	磺酸水杨酸钙镁 3
原料中水杨酸含量/%	12.5	25	37.5
碱值/mgKOH·g^{-1}	392.7	407.1	317.5
运动黏度/mm^2·s^{-1}	125.4	126.2	89.2
浊度/FTU	39.3	38.3	53.1
平均粒径/nm	40	30	50
漆膜评级/级	3	3	3.5
生焦量/mg	37.4	35.6	45.1
贮存稳定性/%	0.00	0.00	0.00
对水稳定性/%	0.21	0.15	0.18
分散性/%	42.3	41.4	42.8

 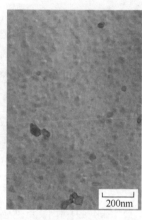 

　　磺酸水杨酸钙镁1　　　　　　磺酸水杨酸钙镁2　　　　　　磺酸水杨酸钙镁3

图 7.6　磺酸水杨酸混合钙镁复合清净剂冷冻蚀刻电镜照片

　　由表 7.5 中的数据可看出，对于三种混合基质的钙镁复合清净剂产品，当混合基质中水杨酸盐含量不断增加时，产品碱值先增后减，运动黏度与碱值的变化趋势相同，产品的胶粒平均粒径、浊度、漆膜评级及生焦量先减小后增大，说明产品中水杨酸盐含量(即磺酸盐与水杨酸盐的比例)存在最佳值，当水杨酸盐含量处于最佳值时，产品碱值高、胶粒平均粒径小、浊度小、清净性和热氧化安定性好。当水杨酸盐含量大于或小于最佳值时，产品的碱值低、胶粒平均粒径变大、稳定性降低、清净性及热氧化安定性变差。从图 7.6 三种磺酸水杨酸钙镁复合清净剂产品的冷冻蚀刻电镜照片也可看出，当水杨酸盐含量处于最佳值时，产品的胶粒粒度分布均匀、平均粒径较小，而当水杨酸盐含量大于或小于最佳值时，产品的胶粒粒度分布均匀性变差、平均粒径变大。由此可见，在合成磺酸水杨酸混合基质钙镁复合清净剂时，应选择合适的磺酸水杨酸的比例，才可制备出综合性能较佳的钙镁复合清净剂产品。这表明适宜的水杨酸盐含量有利于改善纳米钙镁复合清净剂的胶粒的分布均匀性、减小胶粒的平均粒径、提高产品的使用性能。

7.8 不同基质对钙镁复合清净剂性能的影响

三种不同基质的钙镁复合清净剂产品的性能数据如表 7.6 所示。

表 7.6 不同基质钙镁复合清净剂产品的性能

项 目	轻质磺酸钙镁	重质磺酸钙镁	重质磺酸水杨酸钙镁
碱值/mgKOH·g^{-1}	325.4	412.6	407.1
运动黏度（100℃）/mm^2·s^{-1}	129.5	138.5	126.2
浊度/FTU	51.6	42.6	38.3
平均粒径/nm	50	40	30
漆膜评级/级	4.5	4.0	3.5
生焦量/mg	47.6	43.6	35.6
最大无咬合负荷 p_B/N	303.8	431.2	392
磨斑直径（392N，30min）/mm	1.12	0.95	1.01
贮存稳定性/%	0.10	0.00	0.00
对水稳定性/%	1.5	0.35	0.15
分散性/%	42.4	41.5	41.4

由表 7.6 中的数据可看出，重质磺酸钙镁复合清净剂与轻质磺酸钙镁复合清净剂相比，两者运动黏度和分散性相差不大，但重质磺酸钙镁复合清净剂碱值高、浊度小、稳定性和抗磨性好，且其漆膜评级、生焦量、胶粒平均粒径也都小于轻质磺酸钙镁复合清净剂。重质磺酸水杨酸混合基质钙镁复合清净剂与重质磺酸钙镁复合清净剂相比，两者碱值和分散性较接近，重质磺酸水杨酸混合基质钙镁复合清净剂的运动黏度、浊度、漆膜评级、生焦量、胶粒平均粒径都较小，抗磨和稳定性也较好。

由此可见，基质对纳米钙镁复合清净剂的性能有较大的影响，由于轻质磺酸的分子量较小，烷基碳链较短，轻质磺酸钙镁复合清净剂的综合性能不如重质磺酸钙镁复合清净剂的综合性能，轻质磺酸钙镁复合清净剂的运动黏度和分散性较好，这可能与其碱值较低，产品中纳米载荷胶团的数量少，磺酸钙自由分子及非载荷胶团数较多有关。重质磺酸水杨酸混合基质钙镁复合清净剂的综合性能好于重质磺酸钙镁复合清净剂的综合性能，说明混合基质可提高单一基质清净剂的性能，水杨酸极性比磺酸强，其金属盐具有稳定性好、清净性好、抗氧化性好的特点，因此，与磺酸组成的混合基质清净剂可提高磺酸盐在这方面的性能，重质磺酸水杨酸混合基质钙镁复合清净剂的分散性稍差也与水杨酸盐的分散性不如磺酸盐有关。综上所述，对于同一种基质，基质的分子量愈大，烷基碳链越长，清净剂的综合性能越好；混合基质纳米清净剂的综合性能好于其单一基质的纳米清净剂。

7.9 钙镁复合清净剂性能与同类产品的比较

为了了解纳米钙镁复合清净剂产品在性能方面能否达到国内外同类产品的性能，选取了几种典型的已投入使用或研制成功的国内外同类产品进行了比较。其性能测试数据如表 7.7 所示。

表 7.7 钙镁复合清净剂及同类清净剂的性能数据

磺酸盐清净剂	碱值/ mgKOH·g^{-1}	运动黏度 (100℃)/mm^2·s^{-1}	浊度/ FTU	漆膜评级/ 级	生焦量/ mg	平均粒径/ nm
轻质磺酸钙镁	325.4	129.5	51.6	4	47.6	50
重质磺酸钙镁	412.6	138.5	42.6	3.5	43.6	40
重质磺酸水杨酸钙镁	407.1	126.2	38.3	3	35.6	30
石油磺酸镁	428	182	43.1	4	44.1	40
上炼石油磺酸镁	409	172	—	—	—	40
ECA6655(美 Exxon 合成磺酸镁)	385	66	169(JTU)	7	72	40
HE611(美乙基磺酸钙)	293	—	—	5	30.3	5
T105(锦炼合成磺酸钙)	162	—	—	6	30.2	60
T106(锦炼合成磺酸钙)	314	150	85.9	5	30.6	10

从表中的数据可看出，和国内外同类产品相比，轻质磺酸钙镁复合清净剂除碱值相对较低外其他性能基本相当。重质磺酸钙镁复合清净剂的碱值高，综合性能稍

优于国内外同类产品，其胶粒平均粒径与同类产品相当。重质磺酸水杨酸混合基质钙镁复合清净剂的各项性能都达到或超过国内外同类产品，其综合性能明显好于同类产品。另外从表中重质磺酸镁、重质磺酸钙镁和重质磺酸水杨酸钙镁三种产品的性能数据可看出，除碱值外，重质磺酸钙镁复合清净剂的各项性能都优于重质磺酸镁清净剂，而重质磺酸水杨酸混合基质钙镁复合清净剂的各项性能又都优于重质磺酸钙镁复合清净剂，这说明钙镁复合能够提高同基质的镁盐清净剂产品的综合性能，而选用合适的混合基质也可改善其单一基质产品的综合性能。

综上所述，从纳米钙镁复合清净剂组成结构对其性能的影响及其同国内外同类产品性能的比较看出：

（1）磺酸钙正盐的清净性和热氧化安定性稍优于磺酸镁正盐。说明纳米磺酸钙镁复合清净剂的正盐采用磺酸钙，可提高产品的清净性和热氧化安定性。

（2）纳米钙镁复合清净剂中钙含量与镁含量的比值越高，产品的综合性能越好，但产品的碱值会越低。在保证产品碱值的基础上，适当增加产品中钙的含量有助于提高产品的综合性能。

（3）纳米钙镁复合清净剂碱性组分中碳酸盐占碱值份额越大，产品的性能越好，相反碱性组分中氢氧化物占碱值份额越大，产品的性能越差。

（4）纳米钙镁复合清净剂的碱值越高，其综合性能越好。

（5）磺酸水杨酸混合基质钙镁复合清净剂中，采用适宜的磺酸盐水杨酸盐比例，能够最大程度地提高混合基质钙镁复合清净剂的综合性能。

（6）基质对纳米钙镁复合清净剂的性能有一定的影响，磺酸基质的分子量越大，纳米磺酸钙镁复合清净剂产品性能越好，磺酸水杨酸混合基质钙镁复合清净剂的综合性能优于单一磺酸基质钙镁复合清净剂的性能。说明对于同一种基质，基质的分子量愈大，烷基碳链越长，清净剂的综合性能越好；混合基质纳米清净剂的综合性能好于其单一基质的纳米清净剂的性能。

（7）和国内外同类产品相比，轻质磺酸钙镁复合清净剂除碱值相对较低外其他性能基本相当；重质磺酸钙镁复合清净剂综合性能稍优于国内外同类产品；重质磺酸水杨酸混合基质钙镁复合清净剂的各项性能都达到或超过国内外同类产品，其综合性能明显好于同类产品。

（8）重质磺酸钙镁复合清净剂的综合性能优于重质磺酸镁清净剂，而重质磺酸水杨酸混合基质钙镁复合清净剂的综合性能又优于重质磺酸钙镁复合清净剂，说明钙镁复合能够提高同基质的镁盐清净剂产品的综合性能，而选用合适的混合基质也可改善单一基质产品的综合性能。

第8章　纳米钙镁复合清净剂合成机理

8.1　润滑油清净剂合成机理研究现状

润滑油纳米(过碱度)清净剂合成过程是一个复杂的多相物理化学反应过程，涉及气、液(水和油)、固三相，包括一系列在气、液、固相界面间的扩散及多种平行和连续反应[158]。经过人们不断地研究[159~164,180,181]，现已证实，在清净剂碳酸化反应过程中，碳酸盐粒子是在由表面活性剂形成的反相胶束(微反应器)中心形成的。

近几年，随着纳米技术和对微观粒子观测技术的快速发展，人们对微乳液法制备纳米粒子的机理进行了大量的研究工作，通过这些研究，人们对微乳液法制备纳米粒子的机理有了一定的认识，提出了纳米微反应器的概念和反应模型，对化学法制备纳米粒子的机理给出了合理的解释。但对各种不同表面活性剂与水形成的微反应器性质及各种助表面活作用、盐类的影响等还在进一步的研究当中，还没有形成普遍的规律性结论。

结合人们对微反应器和清净剂合成机理方面的研究成果可看出，润滑油纳米清净剂的碳酸化反应过程其实质就是一种油溶性纳米级粒子的制备过程，从微反应器反应模型的角度看，制备润滑油清净剂的碳酸化过程就是在微乳液中如何创设条件来生成纳米级的碳酸盐粒子的过程，是微乳液法制备纳米微粒的一个应用实例。张景河等[164]经分析认为，在清净剂碳酸化反应过程中，由反相胶束所形成的微反应器为碳酸盐粒子的成核、生长提供了纳米级反应空间，因此与构成微反应器相关的表面活性剂的类型和数量，以及各种物料的加入量和各种外在条件等都可影响纳米级碳酸盐的结构、粒度和性能。由于纳米清净剂合成反应过程过于复杂，迄今为止，人们对纳米清净剂的合成研究多停留在通过大量实验确定各种因素对反应结果的影响，对其机理的研究较少。因此，要明确纳米清净剂的合成机理及各种促进剂作用机理，还有待开展进一步的研究工作。反相胶束微反应器反应模型为更好地开展这方面的工作提供了方向。

8.1.1 微反应器反应模型

微反应器是指在油包水(W/O)微乳液中形成的反相胶束中的纳米级"水池"(waterpool)或称液滴(droplet)。利用这些微反应器可进行多种纳米级微粒的制备。由于微乳液属热力学稳定体系,在一定条件下胶团具有保持稳定小尺寸的特性,即使破裂也能重新组合,这类似于生物细胞的一些功能如自组织性、自复制性,因此又将其称为智能微反应器[175]。

在微反应器反应模型中,反应物的加入方式主要有直接加入法和共混法两种,其反应机理分为渗透反应机理和融合反应机理,以 A+B ——→C↓+D 为反应模型,A、B 为溶于水的反应物质,C 为不溶于水的沉淀,D 为副产物,反应过程如图8.1和图8.2所示[175]。

在渗透反应机理中首先制备 A 的 W/O 微乳液,使其形成微反应器,再向其中加入反应物 B,B 通过扩散透过表面活性剂膜层向微反应器中渗透,A、B 在微反应器中混合并进行反应生成 C。此时反应物的渗透扩散为控制过程。这种内核也就是微乳液中微小的"水池",它被表面活性剂和助表面活性剂所组成的单分子层界面所包围而形成微乳颗粒,大小在几至几十纳米之间。微小的"水池"尺度小且彼此分离,这种特殊的微环境或称"微反应器"(microreactor)已证明是酶催化反应、聚合物合成等多种化学反应的理想介质[170,182]。而在融合反应中首先分别制备含有相同水油比的 A、B 的 W/O 微乳液,然后将它们混合,两种载荷胶团通过碰撞、融和、分离、重组等过程,使反应物 A、B 在胶团中互相交换、传递及混合,使反应在胶团中进行并成核、长大,最后得到纳米微粒 C。因为反应发生在混合过程中,所以反应由混合过程控制。

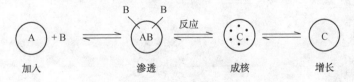

图 8.1 渗透反应机理

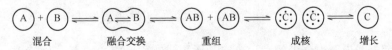

图 8.2 融合反应机理

8.1.2　清净剂碳酸化反应过程的微反应器反应模型

润滑油清净剂的碳酸化反应过程是二氧化碳通过溶解和扩散进入微反应器，在微反应器中完成碳酸化反应，因此，与微反应器模型中的渗透反应机理基本是一致。即，在正盐的生成过程中，反应是在促进剂(如甲醇)、稀释油、溶剂存在的条件下进行的，有机酸与金属氧化物反应生成有机酸盐，而这些有机酸盐是一些性能良好表面活性剂，当有机酸盐浓度较小时，有机酸盐在油相中是以单分子状态存在的，当其浓度超过临界胶束浓度时，则会形成反胶团，它以疏水基构成外层，亲水基聚集在一起形成内核，将、水、氢氧化物包裹在其中，形成W/O微乳液，即微反应器。而促进剂甲醇位于有机酸盐分子之间，可降低界面膜的强度[168-171]。二氧化碳气体以鼓泡的形式进入体系，通过扩散透过有机酸盐膜层渗透到微反应器中，在微反应器中二氧化碳和已被有机酸盐与油相隔开的含水和金属氢氧化物(水相)反应生成金属碳酸盐，再经脱甲醇及水后可得到过碱度润滑油清净剂。由文献[183]知，25℃，101325Pa 时，二氧化碳在油中的溶解度为 $0.56g \cdot L^{-1}$，而在水中的溶解度为 $1.49g \cdot L^{-1}$。因此当二氧化碳气泡在油相中扩散至邻近的微反应器(即邻近油、水界面处)时，二氧化碳将优先透过有机酸盐层向胶核渗透，溶于胶核中的水溶液，并与金属氢氧化物反应生成碳酸盐，生成的水可进一步溶解更多的金属氧化物、氢氧化物及二氧化碳，使得生成碳酸盐的反应得以连续进行，微反应器中碳酸盐的含量不断增大[162,163]，最终形成主要以纳米碳酸盐为核心的载荷胶团。由于微反应器在不停地作布朗运动，微反应器在互相碰撞时可进行物质交换[175]，可使所形成的微反应器大小更均匀。润滑油清净剂碳酸化过程的微反应器反应模型示意图如图 8.3 所示(图中 M 代表钙、镁等金属元素，界面膜为有机酸盐及甲醇等)。

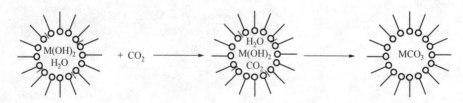

图 8.3　清净剂碳酸化反应过程的微反应器模型

微反应器界面膜强度的大小决定了所形成的微反应器的大小和形状，进一步研究还证明，醇的结构和水相中离子强度均显著地影响界面的强度和刚性[171]。

另外，在过碱度钙的研究中，Bandyopadhyaya 等[163]认为载荷胶团与氧化钙（lime）颗粒之间的碰撞使氧化钙溶入胶团也有利于碳酸钙内核的增大，Roman 等[162]认为非载荷胶团可将氢氧化钙通过与成核胶团的相互碰撞输送至成核胶团中，使成核胶团的核得到增大。

综上所述，在纳米清净剂的碳酸化反应过程中即存在按渗透反应机理进行的反应，同时也存在按融合反应机理进行的反应，但也可看出其主要是按渗透反应机理进行的。且反应过程主要是微反应器内核不断增大的过程[158-159,162-164]。

8.1.3 清净剂合成反应的宏观反应历程

根据已有的关于润滑油清净剂合成反应历程方面的文献报道[1,122,159,164]，纳米清净剂存在两种同时进行的反应方式。

第一种反应方式为：在有机酸正盐合成阶段，金属氧化与甲醇反应生成金属甲醇盐，金属甲醇盐再与有机酸反应生成金属有机酸正盐。在碳酸化反应过程中，金属甲醇盐与二氧化碳反应生成碳酸化金属甲醇盐，所生成的碳酸化金属甲醇盐被有机酸金属正盐包裹形成载荷胶团，在水的作用下，胶团中心的碳酸化金属甲醇盐分解成金属碳酸盐、甲醇和二氧化碳，最后形成纳米级金属碳酸盐（含有少量的金属氢氧化物）为核心被金属有机酸正盐包裹的载荷胶团。

第二种反应方式为：在有机酸正盐合成阶段，金属氧化与水反应生成金属氢氧化物，金属氢氧化物再与有机酸反应生成金属有机酸正盐。在碳酸化反应过程中，金属氢氧化物与二氧化碳反应生成金属碳酸盐与金属氢氧化物的复式纳米粒子，所生成的复式纳米粒子被金属有机正盐包裹形成载荷胶团。

根据以上两种反应方式，纳米磺酸钙镁的合成过程中进行的反应可示意如下：

(1) 第一种：

$$CaO+2CH_3OH \longrightarrow (CH_3O)_2Ca（甲醇钙）+H_2O$$

$$2R\!-\!\!\!\boxed{}\!\!\!-SO_3NH_4+(CH_3O)_2Ca \longrightarrow (R\!-\!\!\!\boxed{}\!\!\!-SO_3)_2Ca + 2CH_3OH+2NH_3$$

$$MgO+2CH_3OH \longrightarrow (CH_3O)_2Mg（甲醇镁）+H_2O$$

$$(CH_3O)_2Mg+2CO_2 \longrightarrow (CH_3O\cdot CO\cdot O)_2Mg（碳酸化甲醇镁）$$

$$m(R\text{—}\bigcirc\hspace{-0.3em}\bigcirc\text{—}SO_3)_2Ca + n(CH_3O \cdot CO \cdot O)_2Mg \longrightarrow$$

$$m(R\text{—}\bigcirc\hspace{-0.3em}\bigcirc\text{—}SO_3)_2Ca \cdot n(CH_3O \cdot CO \cdot O)_2Mg$$

$$m(R\text{—}\bigcirc\hspace{-0.3em}\bigcirc\text{—}SO_3)_2Ca \cdot n(CH_3O \cdot CO \cdot O)_2Mg + nH_2O \longrightarrow$$

$$m(R\text{—}\bigcirc\hspace{-0.3em}\bigcirc\text{—}SO_3)_2Ca \cdot nMgCO_3 + 2nCH_3OH + nCO_2$$

（2）第二种：

$$CaO + H_2O \longrightarrow Ca(OH)_2$$

$$2R\text{—}\bigcirc\hspace{-0.3em}\bigcirc\text{—}SO_3NH_4 + Ca(OH)_2 \longrightarrow (R\text{—}\bigcirc\hspace{-0.3em}\bigcirc\text{—}SO_3)_2Ca + 2H_2O + 2NH_3$$

$$MgO + H_2O \longrightarrow Mg(OH)_2$$

$$xMg(OH)_2 + yCO_2 \longrightarrow$$

$$yMgCO_3 \cdot (x-y)Mg(OH)_2 \text{（复式纳米粒子）} + yH_2O$$

$$m(R\text{—}\bigcirc\hspace{-0.3em}\bigcirc\text{—}SO_3)_2Ca + n[yMgCO_3 \cdot (x-y)Mg(OH)_2] \longrightarrow$$

$$m(R\text{—}\bigcirc\hspace{-0.3em}\bigcirc\text{—}SO_3)_2Ca \cdot n[yMgCO_3 \cdot (x-y)Mg(OH)_2]$$

上述两种反应方式在纳米磺酸钙镁复合过程也是同时存在的，只是随物料的加入方式和工艺条件的不同，其主次有所不同[1,164]。

8.2 纳米磺酸钙镁复合清净剂合成过程

8.2.1 研究方法

为了分析和研究纳米磺酸钙镁复合清净剂合成过程，考虑到在反应不断进行的过程中反应溶液中物质的化学组成在发生不断的变化，反应溶液中物质的变化及反相胶束微反应器的形成等也会引起导电性的变化（根据文献报道[184-189]，反相胶束溶液的导电性与溶液不同，以此可判断反应溶液中反相胶束微反应器及导电粒子的变化情况），不同阶段反应溶液的碱值也有所不同，在碳酸化反应过程中反相胶束微反应器的数量及直径也会发生变化，因此，可通过测定不同反应阶段反应溶液的红外谱图、电导率、碱值及反相胶束微反应器的微观形貌，根据红外谱图判断反应溶液中物质化学组成的变化情况，结合反应溶液电导率、碱值及微反应器微观形貌的变化，分析和推测清净剂合成过程及其历程。为了能较好较全面地反映出清净剂合成过程中反应溶液组成、电导率及碱值的变化情况，根据

110

不同反应阶段的特点及加入不同反应物时的情况确定取样时间。

纳米磺酸钙镁复合清净剂合成工艺条件及方法按照重质磺酸钙镁复合清净剂合成研究得到的最佳工艺条件进行。

8.2.2 溶液和残渣红外谱图测试结果与分析

纳米磺酸钙镁复合清净剂合成过程中，磺酸钙正盐合成阶段不同取样时间点样品溶液及残渣的红外谱图如图 8.4 所示，碳酸化反应阶段不同取样时间点各样品溶液、最终产品及残渣的红外谱图如图 8.5 所示。样品溶液及残渣红外谱图中主要吸收峰的归属如表 8.1 所示。试验中所使用的氧化钙和氧化镁的红外谱图见附录 2。

表 8.1　红外谱图中各主要吸收峰的归属

序号	吸收带/cm^{-1}	归属	物质
1	3670 尖峰	O—H，游离	氢氧化镁*、水
2	3650 尖峰	O—H，游离	氢氧化钙*
3	3450	O—H，缔合 N—H，游离	氢氧化镁、氢氧化钙、甲醇 磺酸铵、尿素
4	3100 双峰	N—H，缔合	磺酸铵
5	2920、2850	饱和 C—H 伸缩振动	磺酸盐等
6	1680	酰胺 I 带	尿素
7	1620	酰胺 II 带 苯环伸缩振动	尿素 磺酸盐、二甲苯
8	1480	苯环伸缩振动	磺酸盐、二甲苯
9	1450	CO$_3^{2-}$	碳酸盐
10	1380	饱和 C—H 变形振动	磺酸盐等
11	1180、1050	S=O	磺酸盐
12	860		无定型碳酸镁

注：*氢氧化钙、氢氧化镁的标准红外谱图见附录 2。

8.2.2.1 磺酸钙正盐合成反应阶段反应混合物化学组成的变化情况

从图 8.4 样品溶液和残渣的红外谱图可看出，磺酸铵、二甲苯、甲醇及氧化钙混合后，样品溶液的红外谱图与磺酸铵原料的红外谱图相比变化不大，只是由于有甲醇的存在使 3450cm^{-1} 附近属于游离 N—H 和缔合 O—H 的重叠吸收峰出现

111

了变宽的趋势。而二甲苯的吸收峰与磺酸铵中的苯环的吸收峰相互重叠，氧化钙作为沉淀被除去，因此对样品溶液谱图没有影响。加入尿素后，样品溶液的红外谱图变化较大，$3200 \sim 3600 cm^{-1}$ 之间的吸收峰变宽变强，在 $1680 cm^{-1}$ 和 $1620 cm^{-1}$ 附近出现了较强的吸收峰，这都与尿素有关。而缔合 N—H 在 $3100 cm^{-1}$ 附近的吸收峰偏移变弱，说明磺酸铵转化为磺酸钙后降低了磺酸铵之间氢键的缔合度。正盐合成反应 60min（正盐合成反应结束）及加入氧化镁混合降温至 45℃ 时，样品溶液的红外谱图与此前的红外谱图相比没有较明显的变化。只是在 $3450 cm^{-1}$ 附近的吸收峰有变弱的趋势，说明磺酸铵转化为磺酸钙生成的氨已挥发，且尿素也有挥发现象。

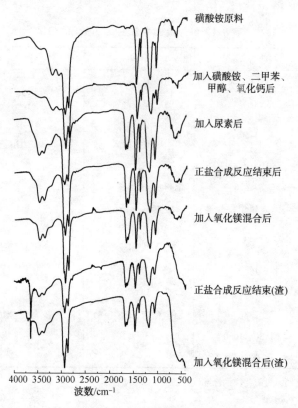

图 8.4　碳酸钙正盐合成反应阶段样品溶液及残渣的红外谱图

正盐合成反应结束后残渣的红外谱图与此时溶液的红外谱图相比，在 $3650 cm^{-1}$ 处出现了属于氢氧化钙的 O—H 的尖吸收峰，$400 cm^{-1}$ 附近出现了很强的氧化钙和氢氧化钙的吸收峰。同时也存在尿素、磺酸盐的吸收峰。由此可见，在

112

残渣中除氧化钙和氢氧化钙外，还含有磺酸盐和尿素等。这与磺酸盐和尿素可吸附在氧化钙、氢氧化钙颗粒上，在离心分离时会被带入残渣有关。加入氧化镁混合后，残渣在 $3700cm^{-1}$ 处存在较弱的氢氧化镁的吸收峰，这与氧化镁中含有少量氢氧化镁有关，$500cm^{-1}$ 附近出现了属于氧化镁和氢氧化镁的吸收峰。在 $3650cm^{-1}$ 处氢氧化钙的吸收峰变弱，加入氧化镁后残渣中氧化镁钙和氢氧化钙的量减小有关。

综上所述，在磺酸钙正盐合成阶段，其反应历程与前述清净剂金属正盐合成反应的宏观反应历程基本是一致的。在甲醇的作用下磺酸铵能够反应生成磺酸钙，生成的水可与氧化钙反应生成氢氧化钙，没有观察到明显的甲醇钙及甲醇镁存在的现象，可能和其吸收峰与其他吸收峰重叠有关。

8.2.2.2 碳酸化反应阶段反应混合物化学组成的变化情况

从图 8.5 碳酸化反应阶段样品溶液和残渣的红外谱图可看出，加入碳酸铵、水和氨水并通入二氧化碳时，溶液的红外谱图与此前加入氧化镁后溶液的红外谱图相比，变化也不大，只是在 $860cm^{-1}$ 附近出现了非常弱的碳酸盐的吸收峰，说明产品中含有少量碳酸盐(包括碳酸钙、碳酸镁)。碳酸化反应 20min 后，样品溶液的红外谱图中 $3450cm^{-1}$ 处的缔合 O—H 的吸收峰变宽，$1400 \sim 1600cm^{-1}$ 之间各基团的吸收峰变宽变强，$1650cm^{-1}$ 附近尿素的双吸收峰变弱，$860cm^{-1}$ 附近碳酸镁的特征吸收峰变强。说明随反应的进行，溶液中反相胶束微反应器中碳酸镁的量在不断增加，且反相胶束微反应器中也含有一定量的氢氧化镁和水，尿素减少可能与其和氢氧化镁在水中可水解生产碳酸镁有关[190,191]。

此后，随碳酸化反应的不断进行，样品溶液的红外谱图中，$860cm^{-1}$ 附近碳酸镁的特征吸收峰不断变强，$1400 \sim 1600cm^{-1}$ 之间的各基团重叠吸收峰不断变宽变强，这都说明随碳酸化反应的不断进行，氧化镁转化为胶团化碳酸镁的量在不断增加，而反相胶束微反应器及溶剂中氢氧化镁和水的含量变化不大。另外 $1650cm^{-1}$ 附近尿素的双吸收峰变弱，也说明样品溶液中尿素含量有减小的趋势。

产品、脱除醇水及助促进剂的样品溶液、碳酸化结束后的样品溶液，三者的红外谱图基本相同，这可能是因为甲醇、水及二甲苯的吸收峰与产品氢氧化镁和磺酸钙的吸收峰重叠有关，脱除后对红外谱图基本没有影响。另外，也可看出产品中含有未脱除干净的尿素。在碳酸化过程中，残渣红外谱图与样品溶液红外谱图的变化趋势基本是一致的，这与产品在离心分离时会被带入残渣有关。不同之处在于，加入碳酸铵、水和氨水并通入二氧化碳后，残渣在 $860cm^{-1}$ 附近出现的碳酸盐的吸收峰相对较强，1550cm^{-1}出现碳酸铵的吸收峰，这与刚加入的碳酸铵颗粒未混合均匀而被沉淀有关。另外，与此前残渣红外谱图相比，此时残渣在3650cm^{-1}处氢氧化钙的吸收峰消失，说明氢氧化钙进入了微反应器或转化为了碳酸钙。3700cm^{-1}氢氧化镁的吸收峰强度变化不大，只是在碳酸化反应后期有变强的趋势。这也说明，在碳酸化反应过程中，溶剂及微反应器中氢氧化镁和水的含量变化不大，在碳酸化反应后期，因微反应器的直径增大，增溶能力降低，且相互碰撞容易造成破裂，使固体颗粒及水进入残渣，造成残渣中氢氧化镁的量有所增加。

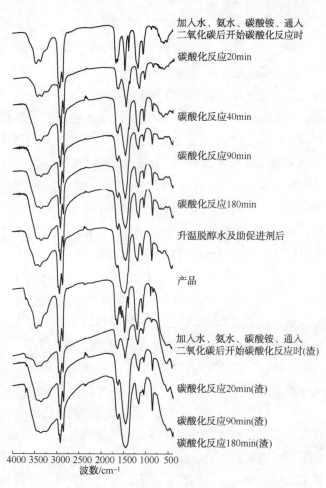

图 8.5　碳酸化反应阶段样品溶液和残渣的红外谱图

从以上分析可看出，在碳酸化反应过程中，反应体系中碳酸镁的含量是不断增加的，氢氧化镁的含量变化不大，这也说明氧化镁是逐渐被转化为碳酸镁的，加入水后氧化镁并未全部转化为氢氧化镁。这与前述清净剂碳酸化反应的宏观反应历程的总体反应过程是一致的，且碳酸镁的形成是在微反应器中进行的。

8.2.3　溶液电导率及碱值测试结果与分析

纳米磺酸钙镁复合清净剂过程中，不同阶段反应混合液的电导率和除渣后的样品溶液的电导率及碱值测试结果如图 8.6 所示。

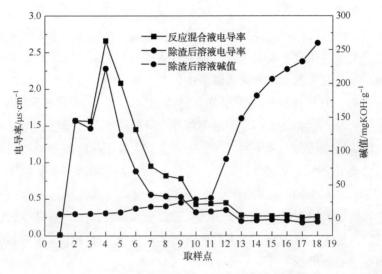

图 8.6　不同取样时间点样品溶液的电导率和碱值

图中横坐标代表的取样点分别为：1—磺酸铵和二甲苯混合后；2—加入甲醇；3—加入氧化钙；4—加入尿素；5—正盐合成反应开始时；6—反应 30min 时；7—反应 60min（即正盐合成反应结束）时；8—加入氧化镁；9—混合降温至 45℃时；10—加入碳酸铵、水和氨水后；11—通入二氧化碳（碳酸化反应开始）时；12—反应 20min 时；13—反应 40min（第二次加入水 20min 后）；14—反应 60min；15—反应 90min；16—反应 120min；17—反应 180min（碳酸化反应结束）时；18—升温脱醇水及助促进剂后。

8.2.3.1　不同反应阶段样品溶液电导率的变化情况

由图 8.6 中反应混合液和除渣后样品溶液的电导率变化趋势可看出：反应混合液的电导率比除渣后的溶液的电导率大，且在反应过程中的变化趋势是相同

115

的，尤其在碳酸化反应阶段，其差值基本保持不变。在加入水之前，反应混合液和除渣后溶液的电导率都比较大，这与溶液中存在甲醇及磺酸铵（磺酸钙）表面活性剂有关，甲醇可向表面活性剂极性端聚集，使磺酸铵电离，形成导电链。加入氧化钙后，因磺酸铵转化为磺酸钙生成的氨易挥发，导电链中的导电粒子减少，电导率有所降低。加入尿素后，增加了导电链中的导电离子，电导率增加较快。在升高温度进行磺酸钙正盐合成反应过程中，甲醇处于回流状态，生成的氨不断挥发，造成混合液及除渣溶液中甲醇及导电离子大量减少，电导率下降较快。当加入氧化镁后，其在甲醇中的溶解度较低，对电导率影响不大。

加入碳酸铵、水和氨水后，水与氧化镁反应生成氢氧化镁，并与水一起进入磺酸钙胶束，形成反相胶束微反应器，使微反应器极性增强，更多的甲醇会进入微反应器界面层，尿素、碳酸铵及氨也会进入微反应器[168,182]，对原来形成的导电链影响较大，造成混合液和除渣溶液中导电离子减少，虽然所形成的微反应器具有导电能力，但其直径较小，很难通过渗滤导电[187]，因而电导率下降较快。同样在第二次加入水和氨水后，电导率也存在降低的情况。此后，电导率变化趋势与微乳液的导电行为较为一致[186-188]，也说明碳酸化反应过程中，混合液中导电离子数量变化不大，而微反应器的直径是随碳酸化时间的增加而缓慢增加的[180]，其通过渗滤及相互碰撞产生的导电能力提高，因此混合液及除渣溶液的电导率也出现缓慢增大的趋势。反应后期，由于微反应器平均直径变大，微反应器相互碰撞及重组过程加剧，因凝聚而沉淀的量增加，减少了微反应器数量，使溶液的电导率有所降低。

由此可看出，在磺酸钙正盐合成阶段，混合液中的导电离子数较多，且随反应的进行是不断减少的。在碳酸化反应阶段，混合液中的导电离子的浓度基本不变，微反应器的直径和数量在缓慢增加，反应后期，其数量有减小的趋势。这与通过红外对反应过程的分析结果是一致，也说明碳酸化反应是在微反应器中进行的。

8.2.3.2 不同反应阶段样品溶液碱值的变化情况

由图8.6中样品溶液的碱值变化趋势可看出：正盐合成反应开始时溶液碱值变化基本不变，随反应的进行，溶液碱值增加较慢，这是因为磺酸铵本身就会产生碱值，磺酸铵转化为磺酸钙对溶液的碱值影响不大，反应过程中生成的少量水与氧化钙反应生成氢氧化钙，氢氧化钙可和水与磺酸钙形成反相胶束微反应器，但由于水量很小，进入微反应器的氢氧化钙很少，因此在正盐合成过程中溶液碱

116

值增加很小。在加入氧化镁后，氧化镁颗粒较大，不能进入微反应器，溶液碱值基本不变。在碳酸化反应过程中，反应进行到 20min 及 40min（即反应 20min 取样后，第二次加入水后 20min）时，样品溶液的碱值增加较快，此后样品溶液的碱值增加幅度逐渐变小。经分析认为，加入水后，水可与氧化镁反应生成氢氧化镁，生成的氢氧化镁可和水一起与磺酸钙形成反相胶束微反应器，此时，磺酸钙表面活性剂自由分子数量和非载荷胶团数量较多，较易形成反相胶束微反应器，二氧化碳进入微反应器与氢氧化镁反应生成碳酸镁，使产品的碱值提高较快。此后随反应的进行，微反应器中生成的水可通过溶入更多的氧化镁[163]、氢氧化镁[180]及甲醇镁，并反应生成碳酸镁，使产品的碱值得到不断提高。另外，在碳酸化反应初期，溶液中的微反应器平均直径较小，在相互碰撞、融合、重组过程中不易造成微反应器破裂或凝聚而沉淀，而当反应进行到后期时，微反应器平均直径增大，相互碰撞及重组加剧[175]，容易造成微反应器的破裂及凝聚而沉淀，从而使样品溶液的碱值增加速度逐渐变小。这与样品溶液的电导率及红外谱图的分析结果是一致的。

8.2.4 不同碳酸化反应阶段反相胶束的微观形貌

为了了解不同碳酸化反应时间下溶液中所形成的反相胶束（微反应器）粒径的大小及分布情况，对碳酸化反应进行到 30min 和 90min 时的除渣溶液进行了冷冻蚀刻电子显微镜观测，其电镜照片如图 8.7 所示。

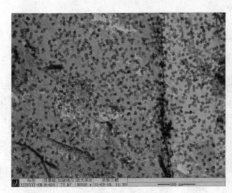
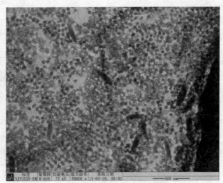

碳酸化30min　　　　　　　　　碳酸化90min

图 8.7　不同碳酸化反应时间溶液中胶束的冷冻蚀刻电镜照片

从图 8.7 不同碳酸化反应时间下溶液中所形成的微反应器的冷冻电镜照片可

看出，随碳酸化反应时间的增加，产品反相胶束微反应器的平均直径逐渐变大，且分布也更均匀。这说明在碳酸化反应进行过程中，微反应器中碳酸盐微粒的量是不断增加的，微反应器之间的相互碰撞、融合、重组可使微反应器的大小更均匀。这与在碳酸化反应过程中，根据溶液电导率和碱值变化得到的分析结果是一致的。

8.2.5　清净剂金属有机酸正盐合成时甲醇的作用

由于在上述研究和分析过程中，不能判断出甲醇在磺酸钙正盐合成时的作用。为了明确甲醇的作用，鉴于磺酸铵本身会产生碱值，因此采用水杨酸代替磺酸铵，按照加入甲醇和不加甲醇两种方案合成水杨酸钙正盐，通过测定两种方法合成出的水杨酸正盐的碱值来确定甲醇在磺酸钙正盐合成时的作用。

实验方法：在装有搅拌器、回流冷凝管、分水器及温度计的三口烧瓶中加入80g 水杨酸、160mL 二甲苯、16mL 甲醇(或不甲醇)，在搅拌(速度约 700r/min)状态下加入 5g 氧化钙升温至 68~78℃进行正盐合成反应 1h；然后升温脱除甲醇和水，待温度降至室温，加入适量二甲苯稀释并进行离心除渣，将除渣后的溶液通过蒸馏脱除其中的二甲苯，得到的产品为水杨酸钙正盐。产品碱值测定结果如表 8.2 所示。

表 8.2　两种合成方案得到的水杨酸钙正盐的碱值

项　　目	方案一	方案二
甲醇加入量/mL	16	0
碱值/mgKOH·g⁻¹	68.1	8.5

由表 8.2 两种方案得到的水杨酸钙正盐产品的碱值数据可看出，加入甲醇后，水杨酸可以与氧化钙反应生成水杨酸钙，如不加甲醇，水杨酸与氧化镁无法反应生成水杨酸钙，这说明甲醇与氧化钙生成甲醇钙，甲醇钙再与水杨酸反应生成水杨酸钙的过程是存在的。由此可看出，在磺酸钙正盐的合成过程中，存在甲醇与氧化钙生成甲醇钙(即氧化钙溶解在甲醇中)，甲醇钙与磺酸铵反应生成磺酸钙的反应过程。同样在碳酸化反应过程中，甲醇也可与氧化镁反应生成甲醇镁[159]。这与文献[1]和[164]中描述的清净剂合成反应的宏观反应历程是一致的。

8.2.6　合成反应历程的初步分析结果

从对合成反应不同阶段样品溶液及残渣的红外谱图、反应混合液和样品溶液的电导率、样品溶液的碱值、碳酸化反应阶段样品溶液中反相胶束微反应器的微观形貌及甲醇在磺酸钙正盐合成中作用的分析可看出，磺酸钙镁复合清净剂的合成反应历程为：

（1）在磺酸钙正盐合成过程

$$CaO + 2CH_3OH \longrightarrow (CH_3O)_2Ca（甲醇钙）+ H_2O$$

$$2R\!-\!\!\!\bigcirc\!\!\!-SO_3NH_4 + (CH_3O)_2Ca \longrightarrow (R\!-\!\!\!\bigcirc\!\!\!-SO_3)_2Ca + 2CH_3OH + 2NH_3$$

$$CaO + H_2O \longrightarrow Ca(OH)_2$$

$$2R\!-\!\!\!\bigcirc\!\!\!-SO_3NH_4 + Ca(OH)_2 \longrightarrow (R\!-\!\!\!\bigcirc\!\!\!-SO_3)_2Ca + 2H_2O + 2NH_3$$

（2）碳酸化反应过程

$$MgO + H_2O \longrightarrow Mg(OH)_2（碳酸化反应开始后主要在微反应器中进行）$$

$$MgO + 2CH_3OH \longrightarrow (CH_3O)_2Mg（甲醇镁）+ H_2O$$

$$m(R\!-\!\!\!\bigcirc\!\!\!-SO_3)_2Ca + nMg(OH)_2 + xMg(OH)_2 + y(CH_3O)_2Mg + zH_3O \longrightarrow$$

$$m(R\!-\!\!\!\bigcirc\!\!\!-SO_3)_2Ca \cdot nMg(OH)_2 \cdot xMg(OH)_2 \cdot y(CH_3O)_2Mg \cdot zH_2O$$
（反相胶束微反应器）

$$m(R\!-\!\!\!\bigcirc\!\!\!-SO_3)_2Ca \cdot nMg(OH)_2 \cdot x(CH_3O)_2Mg \cdot yH_2O + zH_2O + zCO_2 \longrightarrow$$

$$m(R\!-\!\!\!\bigcirc\!\!\!-SO_3)_2Ca \cdot [zMgCO_3 \cdot (n+x-z)\,Mg(OH)_2] + (y+2z-2x)H_2O + 2xCH_3OH$$

在碳酸化反应过程中，氢氧化镁、甲醇镁及二氧化碳通过扩散进入微反应器，在微反应器中生成碳酸镁。随着反应的进行，微反应器中生成的水可通过渗滤或微反应器的重组进入溶液与氧化镁反应生成氢氧化镁，也可通过增溶溶入更多氧化镁、氢氧化镁、甲醇镁、二氧化碳等，使微反应器的核不断增大。而微反应器之间的相互碰撞、融合、重组等过程使微反应器的大小更均匀，更稳定。

8.3 碳酸化反应过程动力学

8.3.1 反应动力学模型的选择及速率方程的建立

磺酸钙镁复合清净剂的碳酸化反应过程是一个比较复杂的气液固多相反应过程，很难测定各反应步骤的速率常数，但可通过研究和考察反应过程的宏观动力学，来判断碳酸化反应过程受扩散控制还是化学反应控制，从而了解各反应参与物的作用。参照人们对氧化镁在水中的碳酸化过程、氢氧化镁在水中的碳酸化过程及过碱度磺酸钙盐清净剂合成动力学的研究方法[158,192,193]，结合钙镁复合清净剂碳酸化反应过程的特点及所采用的活性氧化镁为球形微小颗粒，反应后残留物较少，可按照流固缩芯反应模型[194]对碳酸化反应过程建立初步的宏观动力学模型。

在钙镁复合清净剂碳酸化反应过程中，反相胶束微反应器的作用是将水及生成的碳酸镁保持胶溶状态，防止其聚集而沉淀，并较均匀地分散在氧化镁颗粒的周围，其中水可溶入氧化镁及氢氧化镁，并与渗透进入的二氧化碳生成碳酸镁，使氧化镁不断被消耗，氧化镁颗粒逐渐缩小，而生成的碳酸镁以胶体的形式分散在油相中。若将各物质进出微反应器的行为按扩散过程对待，则碳酸化反应过程与固体颗粒的缩芯反应模型相似。据此，以氧化镁颗粒为研究对象，可考察反应物料及中间产物的扩散和化学反应对碳酸化反应过程的影响，以确定碳酸化反应的控制过程步骤（若以碳酸镁胶粒为研究对象，可按核增加的方法进行处理[158]）。碳酸化反应的总体反应方程为：

$$MgO + CO_2 \xrightarrow[CH_3OH]{H_2O} MgCO_3$$

若以 A 代表甲醇、水、二氧化碳等，B 代表氧化镁固体颗粒，P 代表碳酸镁（含有少量氢氧化镁）胶束微粒，则碳酸化反应总体过程可表示为：

$$A(f) + bB(s) \longrightarrow P(胶束)$$

设分散在溶剂中 A 的摩尔量为 n_A，浓度为 c_{Ag}，在固体表面的浓度为 c_{As}，扩散传质系数为 k_G，氧化镁 B 的颗粒数为 b，密度为 ρ_B，相对分子量质量为 M_B，初始半径为 R_0，摩尔量为 n_{B0}，t 时刻的半径为 R_t，摩尔量为 n_B，则：

$$n_B = \frac{\rho_B V_b}{b M_B} = \frac{4\pi \rho_B R_t^3}{3 b M_B}$$

（1）当扩散为控制步骤时

$$-\frac{dn_A}{dt}=-\frac{dn_B}{bdt}=4\pi R_t^2 k_G(c_{Ag}-c_{As})$$

因 $c_{Ag}\gg c_{As}$，$-\frac{dn_A}{dt}=-\frac{dn_B}{bdt}=4\pi R_t^2 k_G c_{Ag}$

$$-\frac{dn_B}{bdt}=-\frac{4\pi\rho_B R_t^2 dR_t}{bM_B dt}=4\pi R_t^2 k_G c_{Ag}$$

$$\frac{dR_t}{dt}=-\frac{bM_B k_G}{\rho_B}c_{Ag}$$

由于氧化镁颗粒随反应的进行其粒径在不断缩小，且反应在快速搅拌下进行，因此其对 A 在溶剂中的扩散传质系数有一定影响，此时扩散传质系数与扩散系数 D 之间的关系为[194]：$k_G=\dfrac{D}{R_t y_i}$（y_i 惰性组分的平均摩尔分率）则有：

$$\frac{dR_t}{dt}=-\frac{bM_B k_G}{\rho_B}c_{Ag}=-\frac{bM_B Dc_{Ag}}{y_i\rho_B}R_t$$

上式积分可得：$t=\dfrac{y_i\rho_B R_0^2}{2bDM_B c_{Ag}}\left[1-\left(\dfrac{R_t}{R_0}\right)^2\right]$

由于 $\dfrac{y_i\rho_B R_s^2}{2bDM_B c_{Ag}}$ 中的各项在反应过程中基本不变，令 $k_1=\dfrac{2bDM_B c_{Ag}}{y_i\rho_B R_s^2}$

则：$k_1 t=1-\left(\dfrac{R_t}{R_0}\right)^2$

因固体氧化镁（B）的转化率：$x=\dfrac{n_{B0}-n_t}{n_{B0}}=1-\dfrac{n_B}{n_{B0}}=1-\dfrac{R_t^3}{R_0^3}$

则碳酸化过程的速率方程为：$k_1 t=1-(1-x)^{2/3}$

（2）当化学反应为控制步骤时

$$-\frac{dn_A}{dt}=-\frac{dn_B}{bdt}=4\pi R_t^2 k_C c_{Ag}$$

$$-\frac{dn_B}{bdt}=-\frac{4\pi\rho_B R_t^2 dR_t}{bM_B dt}=4\pi R_t^2 k_C c_{Ag}$$

$$\frac{dR_t}{dt}=-\frac{bM_B k_c}{\rho_B}c_{Ag}$$

上式积分可得：$t = \dfrac{\rho_B R_0}{bk_c M_B c_{Ag}}\left(1 - \dfrac{R_t}{R_0}\right)$

令 $k_2 = \dfrac{\rho_B R_0}{bk_c M_B c_{Ag}}$

则碳酸化过程的速率方程为：$k_2 t = 1 - \dfrac{R_t}{R_0} = 1 - (1-x)^{1/3}$

对于所得到的速率方程，由于氧化镁在反应过程及反应结束后的剩余量及颗粒直径难以测定，而反应过程中生成的碳酸镁（包括少量氢氧化镁）的量可通过测定反应溶液除渣后的碱值得到。在反应过程中，反应溶液碱值达到最大之前，氧化镁转化为残渣的量较小，可认为反应溶液碱值达到最大时氧化镁已全部反应或达到了反应平衡值，按照 Belle 等[158]在研究磺酸钙清净剂碳酸化反应动力学的方法，此时氧化镁的转化率可近似看作为 1，不同反应时间氧化镁的转化率可用此时溶液的碱值与溶液能够达到的最大碱值的比值计算得到。通过研究氧化镁转化率与时间的关系即可确定碳酸化反应过程的控制步骤。

以上动力学模型的建立是在未考虑反相胶束微反应器的稳定性的条件下得到的，因此在确定碳酸化反应过程的控制步骤时，应采用合适的物料加入比例，以减小反相胶束微反应器稳定性对实验结果的影响。故动力学实验中，对反应影响较大的氧化镁、水、甲醇、氨水的加入量及二氧化碳的通入速率采用重质磺酸钙镁复合清净剂合成研究中得到的最佳值，且未加入尿素和碳酸铵。

8.3.2　反应控制步骤的确定

设氧化镁转化率为 1 时的反应时间为 t_f，则根据碳酸化反应过程受化学反应控制和扩散控制时两个速率方程中的速率常数：$k_1 = 1/t_f$，$k_2 = 1/t_f$，此时反应时间与转化率之间的关系为：

化学反应控制时：$t/t_f = 1 - (1-x)^{1/3}$

扩散控制时：$t/t_f = 1 - (1-x)^{2/3}$

通过上述反应速率方程可计算出碳酸化反应过程中化学反应控制和扩散控制时氧化镁转化率 x 和 t/t_f 之间的变化关系，并与实验所得到的 x 和 t/t_f 之间的变化关系进行比较，可初步判断碳酸化反应的控制步骤。

按照重质磺酸钙镁合成工艺方法及优化工艺条件进行钙镁复合清净剂的合成实验，在不加入助促进剂（尿素和碳酸铵）的情况下，得到的反应溶液（离心除渣后）碱值与碳酸化反应时间的关系如表 8.3 所示。根据表 8.3 中的数据得到的碳酸化反应过程中氧化镁转化率 x 和 t/t_f 的关系如图 8.8 所示，图中曲线 1 和 2 分别为化学反应控制和扩散控制时 x 与 t/t_f 之间的理论关系（由速率方程计算得到），曲线 3 为通过实验得到的 x 与 t/t_f 的关系。

表 8.3　氧化镁转化率与碳酸化反应时间的关系

碳酸化反应时间/min	0	20	40	60	90	120	150	180	200
溶液碱值/mgKOH · g^{-1}	24.9	66.7	110.2	145.4	175.3	194.8	206.7	214.2	202.5
溶液中镁盐产生的碱值/mgKOH · g^{-1}	0	41.8	85.3	120.5	150.4	169.9	181.8	189.3	178.6
氧化镁转化率/%	0	0.221	0.451	0.637	0.795	0.898	0.960	1	—
t/t_f	0	0.111	0.222	0.333	0.5	0.667	0.833	1	—

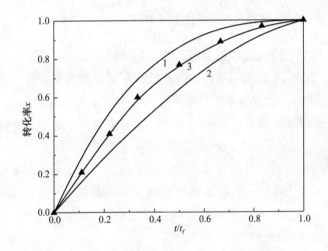

图 8.8　氧化镁转化率 x 与 t/t_f 关系

从图 8.8 中各曲线的位置可看出，在碳酸化反应过程中，氧化镁的实验转化率 x 与 t/t_f 之间的关系曲线处于化学反应控制曲线和扩散控制曲线之间，较难判断反应过程的控制步骤。为了进一步确定碳酸化反应过程的控制步骤，通过改变碳酸化反应温度，再利用化学反应控制时的速率方程 $k_1 t = 1-(1-x)^{1/3}$，对化学反应的活化能进行了计算。

碳酸化反应温度为 38℃、45℃、52℃ 时，氧化镁转化率的 $1-(1-x)^{1/3}$ 随反应时间的变化关系如图 8.9 所示。

图中 ■●▲ 代表不同温度下的实验数据点，直线 1、2、3 分别代表反应在

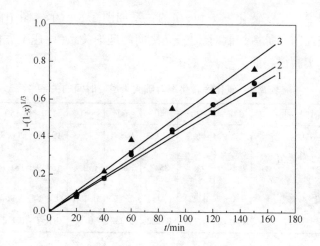

图 8.9 不同温度下氧化镁转化率与反应时间的关系

38℃、45℃、52℃下由实验数据进行线性拟合得到的直线。

从图可看出，实验数据虽可拟合为直线，但其线性关系较差。三条直线的斜率(反应速率常数 k_1)分别为：0.00443，0.00471，0.00543min^{-1}，通过对 $\ln k_1$ 与 $1/T$ 之间关系进行线性拟合，得到的斜率为：-1262.3，则化学反应的活化能为 10.5kJ·mol^{-1}。一般情况下，化学反应的活化能都在 40kJ·mol^{-1} 以上[194]，由此可见，碳酸化反应过程受化学反应控制的可能性较小。图 8.8 中实验得到的氧化镁转化率 x 与 t/t_f 之间的关系曲线处于化学反应控制曲线和扩散控制曲线之间，而未与扩散控制曲线重合，可能与反应后期胶粒(反相胶束微反应器)之间的相互碰撞加剧，造成碳酸镁沉淀量增大有关。

图 8.10 所示的是碳酸化反应温度为 38℃、45℃、52℃时，反应溶液碱值随时间的变化关系。从图中可看出，温度对反应速度的影响较小，反应温度较高时，在反应后期溶液碱值有降低的趋势，这与反应温度高会影响反相胶束微反应器的稳定性，造成残渣量增加有关。

通过观察碳酸化反应过程中反应体系的变化发现，在碳酸化反应进行到约 90min 之前，反应体系存在较强的放热现象，为保持体系温度的恒定，有时需进行冷却，而 90min 之后，反应体系需通过加热来维持温度的恒定。从图 8.10 也可看出，在 90min 之前，反应溶液碱值增加较快，之后增加较慢。由此可判断出在碳酸化反应进行到 90min 时，氧化镁大部分已反应，剩余量较小。

为了消除在反应后期因微反应器相互碰撞时容易造成已胶团化的碳酸镁进入

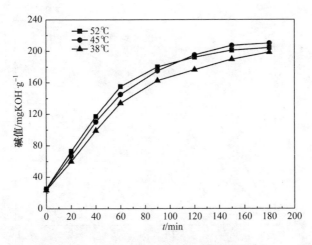

图 8.10 不同温度下碱值与反应时间的关系

残渣，使成为残渣的碳酸镁的量增加对实验的影响，综合考虑以上情况，将 120min 时氧化镁的转化率看作 1，将表 8.3 中的数据进行转化处理，结果如表 8.4 所示。

表 8.4 氧化镁转化率与碳酸化反应时间的关系

碳酸化反应时间/min	0	20	40	60	90	120
溶液碱值/mgKOH · g^{-1}	24.9	66.7	110.2	145.4	175.3	194.8
溶液中镁盐产生的碱值/ mgKOH · g^{-1}	0	41.8	85.3	120.5	150.4	169.9
氧化镁转化率/%	0	0.246	0.502	0.709	0.885	1
t/t_f	0	0.167	0.333	0.5	0.75	1

实验得到的氧化镁转化率 x 和 t/t_f 之间与化学反应控制和扩散控制时 x 和 t/t_f 之间变化关系如图 8.11 所示。图中曲线 1 和 2 分别为化学反应控制和扩散控制时氧化镁转化率 x 与 t/t_f 之间的关系，▲为实验数据点。

从图 8.11 中各曲线的关系可看出，由实验得到的氧化镁转化率的实验数据点基本处于扩散控制曲线上，由此可见，在消除其他因素的影响后，可明显地看出清净剂的碳酸化反应过程是受扩散控制的。结合人们对氧化镁在水溶液中进行碳酸化反应时其过程是受扩散控制的这一研究成果[158,192]，考虑到在清净剂碳酸化反应过程中，反应物及中间产物需在不同相之间扩散，其扩散过程比在单一水溶液中的扩散过程更复杂，难度更大，由此也可看出，清净剂碳酸化反应过程是

125

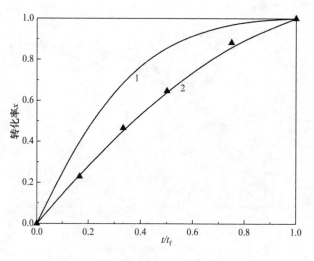

图 8.11　氧化镁转化率 x 与 t/t_f 关系

受扩散控制的。这与 belle[158] 等在研究过碱度磺酸钙清净剂时得到的结论是一致的。

综上所述，钙镁复合清净剂的碳酸化反应过程是受扩散控制的，因此，在清净剂合成过程中，为提高产品的碱值，需考虑如何提高反应物及中间产物在不同相之间的扩散速度，加快碳酸化反应过程的速度，缩短碳酸化反应时间，从而提高胶团化碳酸镁的量，减小碳酸镁的沉淀量。

8.3.3　搅拌速度对碳酸化反应速度的影响

根据搅拌速度对化学反应速度和扩散速度的影响不同，也可通过考察搅拌速度对碳酸化反应速度的影响进一步判断其控制步骤。不同搅拌速度下溶液碱值与反应时间之间的关系如图 8.12 所示。

从图中不同搅拌速度下溶液碱值与时间的关系可看出，提高搅拌速度可提高碳酸化反应的速度。结合温度对反应速度的影响可看出，搅拌速度对反应的影响大于温度的影响，这也说明碳酸化反应过程主要受扩散控制。另外从图中也可看出，在搅拌速度较低时，提高搅拌速度对碳酸化反应速度的提高作用较大，搅拌速度较高时作用较小。这可能与搅拌速度太高时会加剧微反应器间的相互碰撞，降低了微反应器的稳定性有关。而且搅拌速度太高时，反应后期溶液碱值有降低的趋势，也与搅拌速度过高会加剧微反应器间的相互碰撞有关，微反应器相互碰撞加剧会使微反应器因凝聚或破裂的量增加，减小了溶液中胶团化碳酸镁的量，

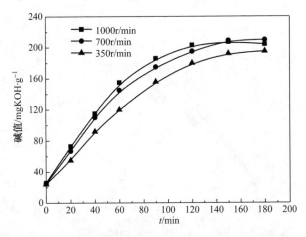

图 8.12　不同搅拌速度下碱值与反应时间的关系

从而使溶液碱值的降低。

8.3.4　促进剂甲醇在碳酸化反应中作用机理的考察

从钙镁复合清净剂的合成研究中可看出甲醇对最终产品的碱值影响较大，为了进一步了解甲醇在碳酸化反应过程中的作用机理，改变甲醇的加入量，对溶液碱值随时间的变化关系进行了考察，实验结果如图 8.13 所示。

由图可看出甲醇对反应速度具有一定的影响，但其对碳酸化后期溶液的碱值影响较大。其加入量过小时，在反应后期溶液的碱值不再随反应时间的增加而增大。当甲醇加入量较合理时，溶液的碱值随反应时间的增加是不断增大的，只是反应后期增加变慢。根据甲醇的性质，其在反应过程中可进入表面活性剂与水、氢氧化物等形成的反相胶束微反应器的界面层，不仅可降低磺酸钙正盐的临界胶束浓度，形成较多的微反应器，而且也可降低微反应器的界面强度，使反应物及中间产物更容易扩散进入微反应器，从而提高了碳酸化反应的速度及溶液的碱值。这与人们对反相胶束微反应器研究中低分子醇对微反应器的影响结果是一致的[170-175]，也与 belle[158]，Roman[162] 等在研究过碱度磺酸钙清净剂时得到的关于甲醇作用机理的结论是一致的。理论上，甲醇可与氧化镁反应生成甲醇镁，再转化为碳酸镁，但在实际中，若不加入水，最终得到的产品的碱值非常低。由此可见，甲醇在碳酸化过程中的主要作用是降低磺酸钙正盐的临界胶束浓度和微反应器界面膜的强度，氧化镁转化为碳酸镁的过程主要是在水的作用下完成的。

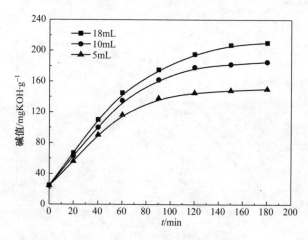

图 8.13　甲醇对碳酸化反应速度的影响

8.3.5　助促进剂尿素和氨水在碳酸化反应中作用机理的考察

为了考察助促进剂尿素及氨水在碳酸化反应中的作用机理，对加入尿素和氨水、只加入氨水及不加助促进剂时溶液碱值随时间的变化进行了测定，结果如图8.14所示。

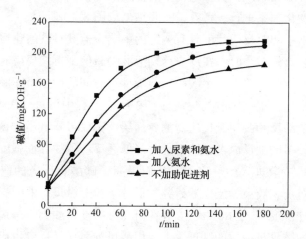

图 8.14　尿素和氨水对碳酸化反应速度的影响

由图中溶液碱值随时间的变化可看出，加入尿素和氨水时反应速度最快，只加氨水时反应速度降低，不加尿素和氨水时反应速度最慢。由此可见，尿素和氨水具有提高碳酸化反应速度的作用。尿素能够改变水分子的聚集结构[168]，可提

128

高水对难溶物质的溶解度，Dickey 认为有机胺与无机铵可提高金属氢氧化物等镁盐在水中的溶解度[78]，且氢氧化镁具有可溶入铵盐溶液[195]的特点，由此可看出尿素和氨水是通过提高金属氢氧化物在水中的溶解度来提高碳酸化反应速度的，从而使反应溶液和最终产品的碱值得到提高。另外氢氧化物在水中溶解度的提高可加快氧化镁及氢氧化镁在不同相之间的扩散速度，也进一步说明碳酸化反应过程是受扩散控制的。

8.3.6 水对碳酸化反应速度的影响

水加入量对碳酸化反应速度的影响如图 8.15 所示。图中水的加入量不包括氨水的量，在进行实验时，氨水的加入量为 6mL。

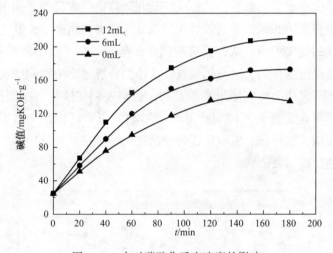

图 8.15 水对碳酸化反应速度的影响

由图可看出水的加入量对反应速度的影响较大，随水量的增加，反应速度提高较快，且反应结束时对溶液碱值提高也较快。当水量较小时，形成的微反应器数量较少，直径小，界面膜强度高，反应物及中间产物不易扩散进入微反应器，反应速度较慢。当水量较为适宜时，形成的微反应器数量多，界面膜强度小，反应物及中间产物较易扩散进入微反应器，反应速度较快。由此也可看出，反应物及中间产物通过扩散进入微反应器的速度对碳酸化反应的速度影响较大。

8.3.7 二氧化碳通入速率对碳酸化反应速度的影响

二氧化碳通入速率对碳酸化反应速度的影响结果如图 8.16 所示。由图中不同二氧化碳通入速率下溶液碱值随时间的变化可看出，二氧化碳通入速率过小时，溶液的碱值与时间呈线性关系，反应速度受二氧化碳量的控制，即此时微乳液(微反应器)中水的生成速度、微反应器溶入氧化镁和氢氧化镁等的速度都受二氧化碳通入速率的控制，因此提高二氧化碳通入速率可提高反应速度。当二氧化碳通入速率增大到一定程度后时，反应速度随二氧化碳通入速率增加而加快的幅度变小，说明此时二氧化碳进入微反应器的速度与微反应器中的水溶入氧化镁和氢氧化镁等的速度相当，而进入微反应器的氢氧化镁的速度与氧化镁的性质及反应体系有关，此时增加二氧化碳通入速率对反应速度提高作业变小。而当二氧化碳通入速率过大时，在微反应器中会溶入过多的二氧化碳，而进入微反应器的氢氧化镁的量较少，过多的二氧化碳也可能使已形成的碳酸镁转化为碳酸氢镁，造成微反应器体积增大而破裂，且微反应器相互碰撞也容易凝聚而沉淀，不利于产品碱值的提高。因此，需采用较合理的二氧化碳通入速率，使其与进入微反应器的氢氧化镁的速度相当，从而提高胶团化碳酸镁的量，减小碳酸镁沉淀的量，达到提高产品碱值的目的。这与钙镁复合清净剂合成过程中得到的关于二氧化碳通入速率对产品碱值的影响结果是相同的，也与人们在镁盐清净剂合成过程中，得到的有关二氧化碳通入速率对产品碱值影响的研究结论是一致的[77-79,105,145]。也说明二氧化碳、氧化镁、氢氧化镁等镁盐通过扩散进入微反应器的速度是制约碳酸化反应速度的主要因素。

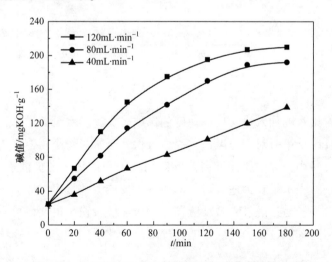

图8.16　二氧化碳通入速率对碳酸化反应速度的影响

综上所述，按照固体颗粒缩芯反应模型，清净剂碳酸化反应过程的控制步骤为反应物及中间产物在不同相之间的扩散过程；促进剂甲醇在碳酸化过程中的作用主要是降低微反应器界面膜的强度及磺酸钙正盐的临界胶束浓度，从而提高了反应物和中间产物扩散进入微反应器的速度及最终产品的碱值，同时也存在参与反应的情况；助促进剂尿素和氨水都可提高反应物和中间产物扩散进入微反应器的速度，其对碳酸化反应的促进作用是通过提高水对氢氧化镁等的溶解度来实现的；适宜的水量、合理的二氧化碳通入速率都可使碳酸化反应顺利进行，水量和二氧化碳通入速率过大或过小都会对碳酸化反应的顺利进行造成较大的影响。

附　　录

附录1　合成用氧化钙和氧化镁红外谱图

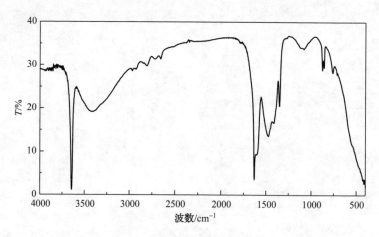

氧化钙红外谱图

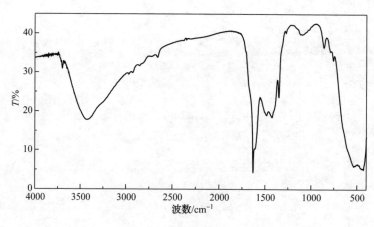

氧化镁红外谱图

附录2　氢氧化钙和氢氧化镁标准红外谱图

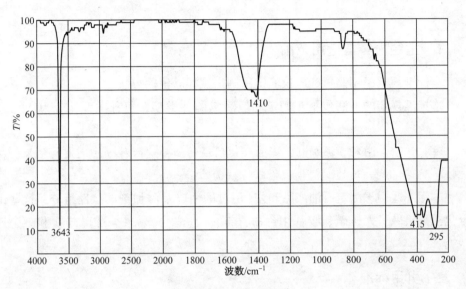

氢氧化钙标准红外谱图

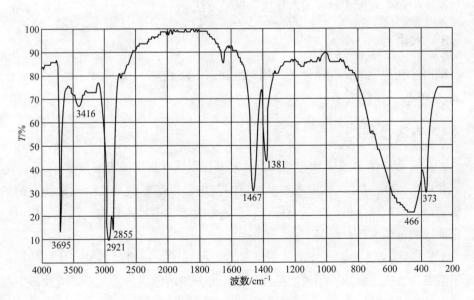

氢氧化镁标准红外谱图

附录3 《石油产品碱值测定法(高氯酸电位滴定法)》(SH/T 0251—1993)

1 主题内容与适用范围

本标准规定了用高氯酸电位滴定法测定试样碱值的方法。

本标准规定的方法包括正滴定和返滴定两种类型,每种类型又分为 A 法和 B 法。

注:试验表明对于添加剂,新的和使用过的油,这两种方法测定的结果,从统计学观点讲是一致的。仲裁试验以 A 法为准。

本标准适用于测定石油产品和使'用过的油以及添加剂的碱性组分,这些组分包括有机碱、无机碱、胺基化合物、弱酸盐(皂类)、多元酸碱式盐和重金属盐类。

2 引用标准

GB/T 6682 分析实验室用水规格和试验方法

3 术语

碱值:在规定的试验条件下,用标准滴定溶液滴定 1g 试样所用的高氯酸量,以 mgKOH/g 为单位表示。

4 方法概要

方法 A 和方法 B 基本操作相同,其差别在于试样量和滴定溶剂量不同。

4.1 止滴定方法:试样溶解于滴定溶剂中,以高氯酸冰乙酸标准滴定溶液为滴定剂,以玻璃电极为指示电极,甘汞电极为参比电极进行电位滴定,用电位滴定曲线的电位突跃判断终点。

4.2 返滴定方法:试样溶解于滴定溶剂中,加入过量的高氯酸冰乙酸标准滴定溶液,反应完成后,用乙酸钠冰乙酸标准滴定溶液进行滴定,以电位滴定曲线的电位突跃判断终点。

4.3 当试样正滴定曲线电位突跃不明显时,再用返滴定方法。

5 意义

当石油产品加有添加剂时，石油产品就可能有碱性组分，用酸滴定的方法可以测定这些组分的相对含量。用以衡量添加剂在润滑油使用过程中的降解情况，以确定必要的实际废弃极限。

6 仪器

6.1 电位滴定仪（或酸度计）：自动或手工滴定均可。

6.2 玻璃电极：231型。

6.3 甘汞电极：232型或271型，或银-氯化银电极。电极内电解液需改用非水溶液作盐桥（见8.6.2）。

6.4 磁力搅拌器：可调速和有良好的接地。

6.5 滴定管，10mL或20mL，分度为0.05mL，校正后刻度允许误差为±0.02mL或具有相同精度的自动滴定管。

6.6 烧杯：100mL，150mL。方法A用150mL烧杯，方法B用100mL烧杯。

6.7 滴定台：用于支承滴定管、烧杯、电极对和搅拌器。在滴定台上的排列是以烧杯移动时对电极无干扰为最好。

注：有的仪器对静电干扰很敏感，表现为当操作人员靠近滴定装置时，电位滴定仪的指针或记录值显示反常的漂移，此时应采用良好的接地方式。

7 试剂

7.1 冰乙酸：分析纯。

7.2 乙酸酐：分析纯。

7.3 氯苯：分析纯。

注意：冰乙酸、乙酸酐和氯苯有毒和刺激性，应在通风柜中使用。

7.4 石油醚：分析纯，60~90℃。

7.5 高氯酸：分析纯，浓度为70%~72%（m/m）。

7.6 高氯酸钠：分析纯。

注意：高氯酸和高氯酸钠有毒，有刺激性，是强氧化剂，在干燥或加热时与有机物接触会爆炸。如果溅洒在皮肤上，应立即用水彻底地冲洗。

7.7 无水碳酸钠：分析纯。

7.8 苯二甲酸氢钾：基准试剂。

7.9 蒸馏水：符合 GB/T 6682 中的三级水要求。

8 准备工作

8.1 高氯酸钠电解液的配制

制备高氯酸钠的冰乙酸饱和溶液，要保持高氯酸钠溶液中总有不溶解的过量高氯酸钠存在。

8.2 滴定溶剂

1 体积的冰乙酸加到 2 体积的氯苯中，混合均匀。

注：当石油醚能溶解试样时，可用石油醚代替氯苯，但仲裁试验和标定时，必须用氯苯。

8.3 $c(HClO_4) = 0.1mol/L$ 高氯酸冰乙酸标准滴定溶液的配制与标定

8.3.1 配制：将 8.5mL 高氯酸加到 500mL 冰乙酸和 30mL 乙酸酐的混合物中，混合均匀后，用冰乙酸稀释至 1L。将此溶液静置 24h 后标定。每周标定一次，以检测出 0.0005mol/L 的变化。

注意：见 7.6 条的注意。

注：在配制溶液时，应避免加入过量的乙酸酐，以防止溶液中少量的伯、仲胺乙酰化。

8.3.2 标定：取适量的苯二甲酸氢钾，在 120℃烘箱中加热 2h 后，冷却至室温，称取 0.1~0.2g 苯二甲酸氢钾（精确至 0.0002g），置于干燥的 150mL 烧杯中，用温热的 40mL 冰乙酸溶解，再加入 80mL 氯苯，冷却后，用高氯酸冰乙酸溶液(8.3.1)进行电位滴定，操作和终点判断同正滴定方法 A。同时做 40mL 冰乙酸和 80mL 氯苯混合溶剂的空白试验。

8.3.3 高氯酸冰乙酸标准滴定溶液的实际浓度 $c(HClO_4)$，mol/L，按式（1）计算：

$$c(HClO_4) = \frac{m_1}{0.2042(V_1 - V_0)} \qquad (1)$$

式中 m_1——称取苯二甲酸氢钾的质量，g；

V_1——滴定时所用高氯酸冰乙酸溶液(8.3.1)的体积，mL；

V_0——空白试验所用高氯酸冰乙酸溶液(8.3.1)的体积，mL；

0.2042——与 1.00mL 高氯酸冰乙酸标准滴定溶液[$c(HClO_4) = 1.000mol/L$]相当的以克表示的苯二甲酸氢钾的质量。

注：高氯酸冰乙酸标准滴定溶液应在使用前标定。因为有机液体的体积膨胀

系数较大，所以高氯酸冰乙酸标准滴定溶液的使用温度，应在它的标定温度±5℃之内。若在高于标定温度5℃时使用，则滴定所用的体积要乘以系数$[1-(t×0.001)]$；若在低于标定温度5℃时使用，则滴定所用的体积要乘以系数$[1+(t×0.001)]$。其中t是标定温度与使用温度的差值。单位是摄氏度（℃），其值取正值。

8.4　$c(CH_3COONa)=0.1mol/L$乙酸钠冰乙酸标准滴定溶液的配制与标定

8.4.1　配制：称取5.3g无水碳酸钠，溶解于300mL冰乙酸中，完全溶解后用冰乙酸稀释至1L。每周标定一次，以检测出0.0005mol/L的变化。

8.4.2　标定：有以下两种方法。

8.4.2.1　方法A：在120mL滴定溶剂中加入8.00mL高氯酸冰乙酸标准滴定溶液（8.3），用乙酸钠冰乙酸溶液（8.4.1）滴定，操作和终点判断同正滴定方法A。

乙酸钠冰乙酸标准滴定溶液的实际浓度$c(CH_3COONa)$，mol/L，按式（2）计算：

$$c(CH_3COONa)=[(8.00-V_0)×c(HClO_4)]/V_2 \qquad (2)$$

式中　　V_0——空白试验所用高氯酸冰乙酸标准滴定溶液（8.3）的体积，同式（1）中V_0，mL；

V_2——滴定时所用乙酸钠冰乙酸溶液（8.4.1）的体积，mL；

$c(HClO_4)$——高氯酸冰乙酸标准滴定溶液（8.3）的实际浓度，mol/L。

8.4.2.2　方法B：操作步骤与方法A相同，只是将方法A中所用试剂、滴定溶剂的用量均作相应的减半。

乙酸钠冰乙酸标准滴定溶液的实际浓度$c(CH_3COONa)$，mol/L，按式（3）计算：

$$c(CH_3COONa)=[(4.00-V_3)×c(HClO_4)]/V_4 \qquad (3)$$

式中　　V_3——空白试验（60mL滴定溶剂）所用高氯酸冰乙酸标准滴定溶液（8.3）的体积，mL；

V_4——滴定时所用的乙酸钠冰乙酸溶液（8.4.1）的体积，mL；

$c(HClO_4)$——同式（2）。

8.5　试样的准备

由于试样中的沉淀物都可能是酸性或碱性物质，或者从试样中吸附了酸性或碱性物质，因此，保证试样有代表性是很重要的。必要时，可以加热样品（一般不超过60℃），有助于更好的混合。对使用过的油样，在取样前，应剧烈地摇动，以确保试样的均匀性。

8.6 仪器和电极的准备

8.6.1 玻璃电极：新的玻璃电极至少要在蒸馏水中浸泡 24h 以上方可使用。试验后的电极应该依次用滴定溶剂、蒸馏水洗净，浸泡在蒸馏水中备用。当玻璃电极连续使用一周后，若电极的球表面被污染，则可将电极浸泡在冷的铬酸洗液或其他强氧化性酸的清洗液中，时间不要超过 5min，取出后用水洗净，再浸泡在蒸馏水中备用。

注意：铬酸洗液是强氧化剂，吸湿剂和有毒物质。使用时如果溅洒在皮肤上，易引起严重烧伤。

8.6.2 参比电极：选用甘汞电极或银—氯化银电极均可。市售参比电极的盐桥均为水溶液，应改为非水溶液盐桥。首先将水溶液排空，用水冲洗出全部氯化钾晶体，然后再用高氯酸钠电解液冲洗盐桥套管多次，最后仔细地向套管中加入高氯酸钠电解液，直至液面达到注入孔处。

当用套管式甘汞电极时，在干净的外套管中注入高氯酸钠电解液，并用高氯酸钠电解液润湿连接头的两个磨砂面，固定好外套管，用氯苯冲洗电极。

电极在使用时，电极内电解液的液面应保持高于滴定烧杯中溶液的液面。电极不用时应该用塞子塞好小孔。

8.6.3 电位滴定仪的调整：自动电位滴定仪或其他类型滴定仪均可，按说明书调整。当用 ZD-2 型仪器时，需用 100mL 冰乙酸，将仪器调至冰乙酸的电位域，如 650~700mV（相当于 5~6 个 pH 单位）。

8.6.4 电极电位的检测

新的电极和久置的电极以及电位滴定装置首次使用时都要进行如下检测：

在 100mL 冰乙酸中加入 0.2g(精确至 0.0001g) 苯二甲酸氢钾，搅拌溶解后，将电极对插入此溶液中，并读取电位滴定仪的电位值。取出电极，用氯苯洗净。再将电极浸入到加有 1.50mL 高氯酸冰乙酸标准滴定溶液(8.3) 的 100mL 冰乙酸溶液中，读取电位滴定仪的电位值，以上两个读数之差至少为 300mV，否则不得使用，电极应重新处理。

9 试验步骤

9.1 正滴定方法 A

9.1.1 试样量 $X_1(g)$ 按式(4)计算：

$$X_1 = 28/BN_1 \tag{4}$$

138

式中　BN_1——预估的碱值，mgKOH/g。

注：如果预估的碱值不知道，则可以用一个简单的试验迅速粗略地估计。称取 0.2~0.3g 试样，滴定到 570mV 作为终点，计算试样碱值，该值作为试样的预估碱值。

9.1.2　按表 1 规定，在烧杯中称取试样。

表　1
g

试 样 量	称量精度	试 样 量	称量精度
>10~20	0.05	>0.25~1.0	0.001
>5~10	0.02	0.1~0.25	0.0005
>1~5	0.005		

9.1.3　在称有试样的烧杯中加入 120mL 滴定溶剂，将烧杯放在滴定台上，搅拌直至试样全部溶解。

注：当有些试样难溶时，可先在烧杯中加入 80mL 氯苯溶解试样，然后，再加入 40mL 冰乙酸。有些使用过的油样含有不溶固体物质，这是正常现象。

9.1.4　将已准备好的玻璃-甘汞电极对插入试样溶液中，其浸入位置尽可能的低，至少应浸入试样溶液 10mm 以下。开始搅拌，搅拌速度要控制在没有溶液飞溅和产生气泡的情况下尽可能的大。

9.1.5　滴定

9.1.5.1　手工滴定：用高氯酸冰乙酸标准滴定溶液（8.3）滴定，滴定管尖端应浸入烧杯内溶液的液面以下。滴定之前和滴定过程中，应间断的记录滴定剂体积和电位滴定仪韵读数。滴定速度一般控制在 0.1mL/min，滴定过程中可根据溶液的电位值变化大小改变滴定速度。当加入 0.1mL/min 滴定剂，溶液电位值变化大于 30mV 或相当于 0.5 个 pH 时，滴定曲线可能出现拐点。这时，可以减小滴定速度为 0.05mL/min。

滴定到最后阶段，当加入 0.1mL 滴定剂，试样溶液电位变化小于 5mV 或相当于 0.1 个 pH 时，可结束滴定。

9.1.5.2　自动滴定：按所用仪器的说明书调整仪器，调整滴定速度，最大滴定速度为 1.0mL/min，滴定结束后，自动记录滴定曲线和计算出结果。

9.1.6　滴定完毕移开烧杯，用滴定溶剂（8.2）冲洗电极和滴定管尖端，接着用蒸馏水洗，再用滴定溶剂洗，试验结束后，电极不再使用时，应浸泡在蒸馏水中。

注：用滴定溶剂洗去电极上的油状物质，用蒸馏水洗去甘汞电极套管周围的高氯酸钠，同时可以恢复玻璃电极的水溶胶层。

9.1.7 每一批试验都要做120mL滴定溶剂的空白试验。手工滴定时，空白试验的滴定剂增量为每份0.05mL。每加一份滴定剂待溶液电位稳定后，读取滴定管读数和电位滴定仪的电位值。自动滴定要按9.1.5.2所述进行。

9.1.8 手工滴定时，按记录的滴定剂体积和相应的电位滴定仪的电位值，绘制电位滴定曲线，由滴定曲线的拐点确定终点。记录终点的滴定体积，一个实用的方法是按0.1mL滴定剂至少使试样溶液的电位值变化50mV的标准确定终点。

9.2 正滴定方法B

9.2.1 试样量X_2(g)按式(5)计算：

$$X_2 = 10/BN_2 \tag{5}$$

式中 BN_2——预估的碱值，mgKOH/g。

注：如果预估的碱值不知道，可以做个简单试验，即称取0.1~0.15g试样，滴定到570mV作为终点，这样便可迅速地估算试样的碱值。

9.2.2 按表2规定，在烧杯中称取试样。

表 2 　　　　　　　　　　　　　　　　　g

试 样 量	称量精度	试 样 量	称量精度
>5~10	0.02	>0.25~1.0	0.001
>1~5	0.005	0.1~0.25	0.0005

注：对于方法B，测定高碱值样品时，试样量要小，因此准确地称量是很重要的。

9.2.3 在称有试样的烧杯中，加入60mL滴定溶剂，将烧杯放在滴定台上，搅拌溶液直至试样全部溶解。

注：当有些试样难溶时，可先在烧杯中加入40mL氯苯溶解，再加入20mL冰乙酸。

9.2.4 同9.1.4。

9.2.5 同9.1.5。

9.2.6 同9.1.6。

9.2.7 每一批试验都要做60mL滴定溶剂的空白试验。其操作同9.1.7。

9.2.8 同9.1.8。

9.3 计算

方法 A 和方法 B，碱值测定结果计算方法相同。

9.3.1 试样的碱值 BN_3（mgKOH/g）按式（6）计算：

$$BN_3 = \frac{(V_5 - V_0) \times c(HClO_4) \times 0.0561 \times 1000}{m_2} \qquad (6)$$

式中　　V_5——滴定试样时，所用高氯酸冰乙酸标准滴定溶液（8.3）的体积，mL；

　　　　V_0——用方法 A 时，同式（1）中 V_0。用方法 B 时，同式（3）中 V_3，mL；

　　$c(HClO_4)$——高氯酸冰乙酸标准滴定溶液的实际浓度，mol/L；

　　0.0561——与 1.00mL 高氯酸冰乙酸标准滴定溶液［$c(HClO_4)$ = 1.000mol/L］相当的以克表示的氢氧化钾的质量；

　　　　m_2——试样的质量，g。

9.4　返滴定方法 A

在按 9.1 条正滴定方法 A 进行滴定时，对某些试样（特别是使用过的油样）滴定无拐点或拐点不明显时，可采用本方法。

9.4.1　试样量应小于 9.1 条表 1 中的规定量，通常最大试样量为 5g。如果试样量为 5g，滴定无拐点时，还应减少试样量，再进行试验。

9.4.2　同 9.1.3。

9.4.3　用移液管或滴定管准确地向烧杯加入 8.00mL 高氯酸冰乙酸标准滴定溶液（8.3）。

注：一定要保证加入的高氯酸冰乙酸标准滴定溶液为过量的。

9.4.4　同 9.1.4。

9.4.5　搅拌烧杯中的溶液 2min。

9.4.6　用乙酸钠冰乙酸标准滴定溶液（8.4）滴定过量的高氯酸冰乙酸标准滴定溶液（8.3）。滴定步骤同 9.1.5。

9.4.7　另一种方法是如果按 9.1.5 正滴定的试样，在试样量没超过 5g，滴定又得不到满意拐点时，则可将 9.1.5 已经滴定过的试样直接进行返滴定（即可不必重新称取试样），但必须准确地记录所用高氯酸冰乙酸标准滴定溶液（8.3）的体积，再按 9.4.6 进行返滴定。值得注意的是标定乙酸钠冰乙酸标准滴定溶液（8.4）时，所用的 8.00mL 高氯酸冰乙酸标准滴定溶液的体积，也应作相应的修正，应与试验所用的体积一致。

9.5　返滴定方法 B

在按 9.2 条正滴定方法 B 进行滴定时，对某些试样（特别是使用过的油样）

滴定无拐点或拐点不明显时，可采用本方法。

9.5.1　按9.2条表2规定准确地称取试样，最大试样量应不超过2.5g。如果试样量为2.5g，滴定无拐点时，还应减少试样量，再进行试验。

9.5.2　先用40mL氯苯溶解试样，然后再加入20mL冰乙酸。

9.5.3　用移液管或滴定管向烧杯中准确地加入4.00mL高氯酸冰乙酸标准滴定溶液(8.3)，高氯酸冰乙酸标准滴定溶液必须过量，必要时，还可以加大用量。

9.5.4　同9.1.4。

9.5.5　搅拌烧杯中的溶液2min。

9.5.6　同9.4.6。

9.5.7　另一种方法是如果按9.2.5正滴定的试样，在试样量没超过2.5g，滴定又得不到满意拐点时，则可将9.2.5已经滴定过的试样进行返滴定(即可不必重新称取试样)，但必须准确地记录所用高氯酸冰乙酸标准滴定溶液(8.3)的体积，再按9.4.6进行返滴定。但标定乙酸钠冰乙酸标准滴定溶液(8.4)时，所用的4.00mL高氯酸冰乙酸标准滴定溶液(8.3)的体积也应作相应的修正，应与试验所用的体积一致。

9.6　计算

方法A和方法B碱值测定结果计算相同。

9.6.1　试样的碱值 BN_4 (mgKOH/g)按式(7)计算：

$$BN_4 = \frac{(V_2 - V_6) \times c(\mathrm{CH_3COONa}) \times 0.0561 \times 1000}{m_3} \tag{7}$$

式中　　V_2——用高氯酸冰乙酸标准滴定溶液(8.3)标定时所用乙酸钠冰乙酸标准滴定溶液(8.4)的体积[用方法A时同式(2)中的 V_2 或用方法B时同式(3)中的 V_4]，mL；

　　　　V_6——滴定试样时所用乙酸钠冰乙酸标准滴定溶液(8.4)的体积，mL；

$c(\mathrm{CH_3COONa})$——乙酸钠冰乙酸标准滴定溶液(8.4)的实际浓度，mol/L；

　　　　m_3——试样的质量，g；

　　　0.0561——同式(6)。

10　精密度

按下述规定判断试验结果的可靠性(95%置信水平)。

10.1　方法A

10.1.1 重复性：同一操作者重复测定的两个结果之差应不大于下列数值。

10.1.2 再现性：不同实验室各自提出的两个测定结果之差应不大于下列数值。

试样	重复性 平均值的百分数	再现性 平均值的百分数
采用正滴定的试样	3	7
采用返滴定的使用过的试样	24	32

10.2 方法 B

按下述规定判断试验结果的可靠性(95%的置信水平)。

10.2.1 重复性：同一操作者重复测定的两个结果之差应不大于下列数值。

10.2.2 再现性：不同实验室各自提出的两个测定结果之差应不大于下列数值。

试样	重复性 平均值的百分数	再现性 平均值的百分数
采用正滴定的试样	3	7

注：本精密度是用新油的碱值为 6~70；添加剂的碱值为 5~300，使用过的油的碱值为 5~27 的试样进行统计试验得到的。

11 报告

11.1 取两次测定结果的算术平均值作为试样碱值。碱值取三位有效数字。

11.2 报告格式：碱值(SH/T 0251——方法 A 或方法 B，正滴定或返滴定)的测定结果。

附录 A 石油产品碱值测定法(指示剂法)

A1 主题内容与适用范围

本方法规定了以高氯酸冰乙酸标准滴定溶液为滴定剂，用颜色指示剂法测定试样碱值的方法。

本方法适用于石油产品和添加剂，不适用于深色石油产品及使用过的石油产品。

143

A2 术语

碱值：同本标准第 3 章。

A3 方法概要

试样溶解在滴定溶剂中，用高氯酸冰乙酸标准滴定溶液滴定，以对−萘酚苯甲醇为指示剂，滴定终点为试样溶液颜色由橙黄色变为绿色。

A4 仪器

A4.1 锥形瓶：250mL。

A4.2 量筒：50mL。

A4.3 微量滴定管：5mL，分度为 0.02mL。

A4.4 滴定管：25mL。

A5 试剂

A5.1 甲苯：分析纯。

A5.2 对−萘酚苯甲醇指示剂。

A5.3 结晶紫指示剂。

A6 准备工作

A6.1 滴定溶剂：石油醚(或甲苯)与冰乙酸按 2∶1(V/V)混合均匀。

A6.2 2g/L 结晶紫冰乙酸指示液：称取 0.20g 结晶紫溶解在 100mL 冰乙酸中。

A6.3 5g/L 对−萘酚苯甲醇冰乙酸指示液：称取 0.5g 对−萘酚苯甲醇溶解在 100mL 冰乙酸中。

A6.4 $c(HClO_4) = 0.1mol/L$ 高氯酸冰乙酸标准滴定溶液的配制与标定。

A6.4.1 配制：同本标准 8.3.1。

A6.4.2 标定：

取适量的苯二甲酸氢钾在 120℃烘箱中加热 2h 后。冷却至室温，称取 0.1～0.2g 苯二钾酸氢钾(精确至 0.0002g)，置于干燥的 250mL 锥形瓶中，加入温热的 50mL 冰乙酸溶解，再加入 4～5 滴结晶紫冰乙酸指示液(A6.2)，用高氯酸冰乙酸溶液(8.3)滴定，滴定至溶液由紫色变蓝色。

144

A6.4.3 高氯酸冰乙酸标准滴定溶液的实际浓度 $c(HClO_4)$，mol/L，按本标准 8.3.3 计算。

A7 试验步骤

A7.1 充分摇匀样品，黏稠样品应加热至 40~50℃，称取试样 $X_3(g)$ 按式 (A1) 计算：

$$X_3 = 28/BN_5 \tag{A1}$$

式中 BN_5——预估的碱值，mgKOH/g。

A7.2 按表 A1 规定，在锥形瓶中称取试样，最大试样量应不大于 20g。

表 A1

g

试 样 量	称量精度	试 样 量	称量精度
>10~20	0.05	>0.25~1.0	0.001
>5~10	0.02	0.1~0.25	0.0005
>1~5	0.005		

A7.3 在称有试样的锥形瓶中加入 40mL 石油醚溶解试样，待试样完全溶解后，再加入 20mL 冰乙酸和 4~5 滴对–萘酚苯甲醇冰乙酸指示液(A6.3)，在不断地摇动下，用高氯酸冰乙酸标准滴定溶液(A6.4)进行滴定，终点为溶液的黄色消失，绿色刚刚出现。记录滴定所用的高氯酸冰乙酸标准滴定溶液(A6.4)的体积。

注：添加剂试样和难溶试样可以改用氯苯或甲苯代替石油醚。

A7.4 空白试验：锥形瓶中不称取试样，其他同 A7.3。

A8 计算

试样的碱值 BN_6(mgKOH/g)按本标准 9.3.1 的式(6)计算。式中 V_0 为 A7.4 测定值。

A9 精密度

用下述规定判断试验结果的可靠性(95%置信水平)。

A9.1 重复性：同一操作者，重复测定的两个结果之差应不大于下列数值。

碱值，mgKOH/g   重复性

                   平均值的百分数

       <60   5

       ≥60   3

A9.2   再现性：不同实验室各自提出的两个测定结果之差应不大于下列数值。

碱值，mgKOH/g   再现性

                   平均值的百分数

       <60   11

       ≥60   7

A10   报告

A10.1   取两次测定结果的算术平均值作为试样的碱值。碱值取三位有效数字。

A10.2   报告格式：碱值(SH/T 0251— 指示剂法)的测定结果。

附录4 《石油产品运动黏度测定法和动力黏度计算法》(GB/T 265—1988)

本方法适用于测定液体石油产品(指牛顿液体)的运动黏度，其单位为 m^2/s，通常在实际中使用的是 mm^2/s。动力黏度可由测得的运动黏度乘以液体的密度求得。

注：本方法所测之液体认为是剪切应力和剪切速度之比为一常数，也就是黏度与剪切应力和剪切速率无关，这种液体称为牛顿流体。

1   方法概要

本方法是在某一恒定温度下，测定一定体积的液体在重力下流过一个标定好的玻璃毛细管黏度计的时间，黏度计的毛细管常数与流动时间的乘积，即为该温度下被测液体的运动黏度。在温度 t 时运动黏度用符号 ν_t 表示。

该温度下运动黏度和同温度下液体的密度之积为该温度下液体的动力黏度。在温度 t 时的动力黏度用符号 η_t 表示。

146

2 仪器与材料

2.1 仪器

2.1.1 黏度计

2.1.1.1 玻璃毛细管黏度计应符合 SH/T 0173《玻璃毛细管黏度计技术条件》的要求。也允许采用具有同样精度的自动黏度计。

2.1.1.2 毛细管黏度计一组，毛细管内径分别为 0.4，0.6，0.8，1.0，1.2，1.5，2.0，2.5，3.0，3.5，4.0，5.0 和 6.0mm（见下图）。

2.1.1.3 每支黏度计必须按 JJG 155《工作毛细管黏度计检定规程》进行检定并确定常数。

测定试样的运动黏度时，应根据试验的温度选用适当的黏度计，务使试样的流动时间不少于 200s，内径 0.4mm 的黏度计流动时间不少于 350s。

2.1.2 恒温浴

带有透明或装有观察孔的恒温浴，其高度不小于 180mm，容积不小于 2L，并且附设着自动搅拌装置和一种能够准确地调节温度的电热装置。

在 0℃ 和低于 0℃ 测定运动黏度时，使用筒形开有看窗的透明保温瓶，其尺寸与前述的透明恒温浴相同，并设有搅拌装置。

根据测定的条件，要在恒温浴中注入如表 1 中列举的一种液体。

2.1.3 玻璃水银温度计

符合 GB/T 514《石油产品试验用液体温度计技术条件》分格为 0.1℃。测定 -30℃ 以下运动黏度时，可以使用同样分格值的玻璃合金温度计或其他玻璃温度计。

2.1.4 秒表

分格为 0.1s。

用于测定黏度的秒表、毛细管黏度计和温度计都必须定期检定。

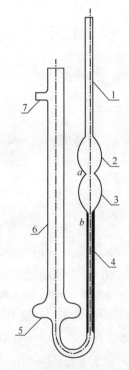

毛细管黏度计图
1，6—管身；2，3，5—扩张部分；
4—毛细管；a，b—标线

表1 在不同温度使用的恒温浴液体

测定的温度/℃	恒温浴液体
50~100	透明矿物油，丙三醇(甘油)或25%硝酸铵水溶液(该溶液的表面会浮着一层透明矿物油)
20~50	水
0~20	水与冰的混合物，或乙醇与干冰(固体二氧化碳)的混合物
0~-50	乙醇与干冰的混合物，在无水乙醇的情况下，可用无铅汽油代替

注：恒温浴中的矿物油最好加有抗氧化添加剂，延缓氧化，延长使用时间。

2.2 材料

2.2.1 溶剂油：符合 SH 0004 橡胶工业用溶剂油要求，以及可溶的适当溶剂。

2.2.2 铬酸洗液。

3 试剂

3.1 石油醚：60~90℃，分析纯。

3.2 95%乙醇：化学纯。

4 准备工作

4.1 试样含有水或机械杂质时，在试验前必须经过脱水处理，用滤纸过滤除去机械杂质。

对于黏度大的润滑油，可以用瓷漏斗，利用水流泵或其他真空泵进行吸滤，也可以在加热至50~100℃的温度下进行脱水过滤。

4.2 在测定试样的黏度之前，必须将黏度计用溶剂油或石油醚洗涤，如果黏度计沾有污垢，就用铬酸洗液、水、蒸馏水或95%乙醇依次洗涤。然后放入烘箱中烘干或用通过棉花滤过的热空气吹干。

4.3 测定运动黏度时，在内径符合要求且清洁、干燥的毛细管黏度计内装入试样。在装试样之前，将橡皮管套在支管7上，并用手指堵住管身6的管口，同时倒置黏度计，然后将管身1插入装着试样的容器中；这时利用橡皮球、水流泵或其他真空泵将液体吸到标线6，同时注意不要使管身1，扩张部分2和3中的液体发生气泡和裂隙。当液面达到标线6时，就从容器里提起黏度计，并迅速恢复其正常状态，同时将管身1的管端外壁所沾着的多余试样擦去，并从支管7取下橡皮管套在管身1上。

4.4 将装有试样的黏度计浸入事先准备妥当的恒温浴中，并用夹子将黏度计固定在支架上，在固定位置时，必须把毛细管黏度计的扩张部分 2 浸入一半。

温度计要利用另一只夹子来固定，务使水银球的位置接近毛细管中央点的水平面，并使温度计上要测温的刻度位于恒温浴的液面上 10mm 处。

使用全浸式温度计时，如果它的测温刻度露出恒温浴的液面，就依照式（1）计算温度计液柱露出部分的补正数 Δt，才能准确地量出液体的温度：

$$\Delta t = k \cdot h (t_1 - t_2) \tag{1}$$

式中　k——常数，水银温度计采用 $k = 0.00016$，酒精温度计采用 $k = 0.001$；

　　　h——露出在浴面上的水银柱或酒精柱高度，用温度计的度数表示；

　　　t_1——测定黏度时的规定温度，℃；

　　　t_2——接近温度计液柱露出部分的空气温度，℃（用另一支温度计测出）。

试验时取 t_1 减去 Δt 作为温度计上的温度读数。

5　试验步骤

5.1　将黏度计调整成为垂直状态，要利用铅垂线从两个相互垂直的方向去检查毛细管的垂直情况。

将恒温浴调整到规定的温度，把装好试样的黏度计浸在恒温浴内，经恒温如表 2 规定的时间。

试验的温度必须保持恒定到 ±0.1℃。

表 2　黏度计在恒温浴中的恒温时间

试验温度/℃	恒温时间/min	试验温度/℃	恒温时间/min
80，100	20	20	10
40，50	15	0~-50	15

5.2　利用毛细管黏度计管身 1 口所套着的橡皮管将试样吸入扩张部分 3，使试样液面稍高于标线 a，并且注意不要让毛细管和扩张部分 1 的液体产生气泡或裂隙。

5.3　此时观察试样在管身中的流动情况，液面正好到达标 a 时，开动秒表，液面正好流到标线 b 时，停止秒表。

试样的液面在扩张部分 3 中流动时，注意恒温浴中正在搅拌的液体要保持恒定温度，而且扩张部分中不应出现气泡。

5.4　用秒表记录下来的流动时间，应重复测定至少四次，其中各次流动时间与其算术平均值的差数应符合如下的要求：在温度 100~15℃测定黏度时，这个差数不应超过算术平均值的±0.5%；在低于 15~−30℃测定黏度时，这个差数不应超过算术平均值的±1.5%；在低于−13℃测定黏度时，这个差数不应超过算术平均值的±2.5%。

然后，取不少于三次的流动时间所得的算术平均值，作为试样的平均流动时间。

6 计算

6.1 在温度 t 时，试样的运动黏度 ν_t（mm^2/s）按式（2）计算：

$$\nu_t = c \cdot \tau_t \tag{2}$$

式中 c——黏度计常数，mm^2/s^2；

τ——试样的平均流动时间，s。

例：黏度计常数为 $0.4780mm^2/s^2$，试样在 50℃ 时的流动时间为 318.0，322.4，322.6 和321.0s，因此流动时间的算术平均值为：

$$\tau_{50} = \frac{318.0+322.4+322.6+321.0}{4} = 321.0s$$

各次流动时间平流动时间的允许差数为 $\frac{321.0 \times 0.5}{100} = 1.6s$

因为 318.0s 与平均流动时间只差已超过 1.6s，所以这个读数应弃去。计算平均流动时间时，只采用 322.4，322.6 和 321.0s 的观测读数，它们与算数平均值只差都没有超过 1.6s。

于是平均流动时间

$$\tau_{50} = \frac{322.4+322.6+321.0}{4} = 322.0s$$

试样运动黏度测定结果为：

$$\nu_t = c \cdot \tau_{50} = 0.4780 \times 322.0 = 154.0mm^2/s$$

6.2 在温度 t 时，试样的动力黏度 η_t 的计算如下：

6.2.1 按 GB/T 1884《石油和液体石油产品密度测定法（密度计法）》和 GB/T 1885《石油计量换算表》测定试样在温度 t 时的密度 ρ_t（g/cm^3）。

6.2.2 在温度 t 时，试样的动力黏度 η_t（$mPa \cdot s$）的按式（3）计算：

$$\eta_t = \nu_t \cdot \rho_t \tag{3}$$

式中 ν_t——在温度 t 时，试样的运动黏度，mm^2/s；

ρ_t——在温度 t 时，试样的密度，g/cm^3。

7　精密度

用上述规定判断试验结果的可靠性(95%置信水平)。

7.1　重复性

同一操作者，用同一试样重复测定的两个结果只差，不应超过下列数值：

测定黏度的温度/℃	重复性/%
100~50	算数平均值的 1.0
低于 15~30	算数平均值的 3.0
低于-30~-60	算数平均值的 5.0

7.2　再现性

由不同操作者，在两个实验室提出的两个结果只差，不应超过下列数值：

测定黏度的温度/℃	再现性/%
100~50	算数平均值的 2.2

8　报告

8.1　黏度测定结果的数值，取四位有效数字。

8.2　取重复测定两个结果的算术平均值，作为试样的运动黏度或动力黏度。

附录 5　《润滑油清净剂浊度测定法》(SH/T 0028—1990)

1　主题内容与适用范围

本标准规定了润滑油清净剂浊度的测定方法。

本标准适用于测定磺酸盐、烷基水杨酸盐、硫化烷基酚盐和硫磷化聚异丁烯钡盐等润滑油清净剂。

2　引用标准

GB/T 260 石油产品水分测定法

3　方法概要

将润滑油清净剂用 150SN 中性油作为稀释油，配制成浓度为 20%(m/m)的胶体溶液，用浊度计测定其浊度，作为润滑油清净剂的浊度。

4 仪器与材料

4.1 仪器

a. 浊度计：灵敏度 0.01JACKSON 浊度单位（JTU），量程 0~200JTU；

b. 烧杯：100mL；

c. 天平：感量为 0.1mg；

d. 架盘天平：感量为 0.1g；

e. 移液管：5，10mL；

f. 容量瓶：100mL；

g. 温度计：0~200℃，分度值 2℃。

4.2 材料

a. 镜头纸；

b. 绸布；

c. 150SN 中性油；

d. 蒸馏水。

5 试剂

5.1 六次甲基四胺：分析纯。

5.2 硫酸联氨：分析纯。

6 准备工作

6.1 配制标定仪器溶液

6.1.1 硫酸联氨溶液：称取 1.000g 硫酸联氨于 100mL 的烧杯中，加入约 30mL 蒸馏水溶解，然后定量转入 100mL 容量瓶中，用蒸馏水稀释至刻度。

6.1.2 六次甲基四胺溶液：称取 10.00g 六次甲基四胺于 100mL 的烧杯中，加入约 30mL 蒸馏水溶解，然后定量转入 100mL 容量瓶中，用蒸馏水稀释至刻度。

6.1.3 甲醛连氮溶液：用两支 5ml。移液管分别量取硫酸联氨溶液和六次甲基四胺溶液各 5mL，加入 100mL 容量瓶中，摇匀。在 25℃±3℃下，静置 24h 后，用蒸馏水稀释至刻度。此溶液的浊度规定为 1120JTU。

6.1.4 112JTU 的甲醛连氮溶液：用移液管量取 10mL1120JTU 的甲醛连氮溶

液，置于100mL容量瓶中，用蒸馏水稀释至刻度。此溶液的浊度规定为112JTU。

注：以上溶液的使用有效期为一个月。

6.2 精制稀释油

取150SN中性油，用GB 260测定其水分，其水分含量应低于0.2%（V/V），然后用工业滤纸进行过滤。若水分含量大于0.2%（V/V），则应先用氯化钙进行干燥，然后再用工业滤纸进行过滤。

6.3 仪器的标定

6.3.1 仪器预热15min后，将仪器的量程旋钮置于2，然后调零。

6.3.2 仪器预热调零后，将112JTU的甲醛连氮溶液倒入标定管中，放入浊度计，用标定钮将仪器的数字显示调至112，标定完毕。此后即可进行试样的测定。

6.3.3 为方便起见，在上述标定完毕后，将仪器自备的参比标准液放入浊度计中，记下此时仪器显示的数字。此后每次测定时，仪器自备的参比标准液就用此数值去标定仪器。而不必每次配制甲醛连氮溶液标定仪器。但仪器自备的参比标准液，至少应每月用甲醛连氮溶液标定一次。

7 试验步骤

7.1 称取10.0g试样于100mL的烧杯中，加入40.0g（150SN中性油）稀释油。

7.2 将上述加有稀释油的试样在搅拌下，加热至温度100℃左右，使试样完全分散于稀释油中。

7.3 在室温下，将稀释油倒入一试管中，待无气泡后，用镜头纸擦拭试管，然后用绸布擦拭试管，再放入已预热和标定好的仪器中测定。测定时，应读取一个试管的四个不同方向在仪器上的显示值，取其四个值的平均值作为空白值。

7.4 将加热后的胶体溶液倒入另一试管中，先用镜头纸擦拭试管，然后用绸布擦拭试管。当试管中胶体溶液无气泡和温度已冷却至25~32℃时，再放入仪器中测定。测定时，同样应读取一个试管的四个不同方向在仪器上的显示值，取其四个值的平均值，再减去空白值，作为试样的浊度。

7.5 由于胶体溶液静置时间的长短对试样浊度有影响，故配制好的胶体溶液应在8h之内测定。

7.6 浊度大于2JTU而小于20JTU的试样，将量程钮拨到20。浊度大于20JTU的试样，将量程钮拨到200。

7.7 浊度大于200JTU的试样，则用原自备的参比标准液数值的一半，标定仪器。测定试样时，应将仪器显示值乘以2。

7.8 浊度大于400JTU的试样，则用原自备的参比标准液数值的四分之一，标定仪器。测定试样时，将仪器显示值乘以4。

8 精密度(暂定)

按下述规定判断试验结果的可靠性。

重复性：同一操作者重复测定的两个结果之差，不应大于下列数值。

浊度(JTU)	允许值(JTU)
0~99	5
100~199	10
200~399	25
400~800	50

9 报告

取重复测定两个结果的算术平均值作为试样的浊度。

附录6 《含添加剂润滑油的钙、钡、锌含量测定法》 (SH/T 0309—1992)

1 主题内容与适用范围

本标准规定了用络合滴定法测定含添加剂润滑油的钙、钡、锌含量的方法。

本标准适用于未使用过的含添加剂润滑油。非金属元素硫、磷、氮对测定无干扰。测定范围为：锌0.02%~1.20%(m/m)，钙0.03%~1.20%(m/m)，钡0.05%~3.00%(m/m)；当润滑油中同时存在钙、钡时，钙钡比可测范围是钡的物质的量与钙的物质的量之比为0.3~10。用本标准可以同时测定共存的钙、钡、锌三元素，也可以只测定其中任意的一个或两个要测定的元素。

本标准也可用于测定添加剂中钙、钡、锌含量，但试样称取量需酌减。

本标准不适用于测定含有铅的润滑油。

2 方法概要

试样经甲苯-正丁醇稀释后，用盐酸将试样中的钙、钡、锌抽提出来。抽提出来的试液在 pH 为 5.5 时，用二甲酚橙作指示剂测定锌含量；试样用铜试剂作沉淀剂，将锌及可能存在的重金属元素沉淀除去后，以铬黑 T 为指示剂，在 pH 为 10 时，用 EDTA 标准滴定溶液及氯化镁标准滴定溶液返滴定，测定其钙、钡总量；试液除加铜试剂外，再加入一定量的硫酸钾除去锌、钡后，在 pH 大于 13 条件下，用钙指示剂作指示剂，测定钙含量。钙、钡总量与钙含量之差为钡含量。

3 仪器与材料

3.1 仪器

3.1.1 梨形分液漏斗：300mL。

3.1.2 滴定管：25mL。

3.1.3 容量瓶：250mL 和 1L。

3.1.4 移液管：50，20mL。

3.1.5 振荡器：上面装有一个可固定分液漏斗用的木架。

3.1.6 三角烧瓶：250mL。

3.1.7 烧杯：100，250mL。

3.2 材料

滤纸：中速定性滤纸，直径 11cm。

4 试剂

4.1 铜试剂(二乙基二硫代氨基甲酸钠)：配成 50g/L 铜试剂溶液。

4.2 盐酸：分析纯，浓度为 36%~38%(m/m)。配制成 19%(m/m)，7%(m/m)盐酸溶液。

4.3 氢氧化钠：分析纯，配成 100g/L 氢氧化钠溶液。

4.4 氨水：分析纯，氨含量为 25%~28%(m/m)。配制成浓度为 4%(m/m)的氨水溶液。

4.5 甲苯：分析纯。

4.6 正丁醇：分析纯。

4.7 氯化钠：分析纯。

4.8 硫酸钾：分析纯，配成 20g/L 硫酸钾溶液。

4.9 甲基橙指示剂：配成 1g/L 甲基橙指示液。

4.10 铬黑 T 指示剂：将 1g 铬黑 T 与 100g 氯化钠混合研细后保存于磨口瓶中。

4.11 二甲酚橙指示剂：将 1g 二甲酚橙与 100g 氯化钠混合研细后保存于磨口瓶中。

4.12 锌粒：无砷基准试剂。

4.13 孔雀石绿指示剂：配制成 1g/L 乙醇指示液。

4.14 钙指示剂($C_{21}H_{14}N_2O_7S$)又名 2-羟基-1-(2-羟基-4-磺基-1-萘基偶氮)-3-萘甲酸或钙–羧酸指示剂(Calcon-carboxylic acid)。

将 1g 钙指示剂与 100g 氯化钠混合研细后保存于磨口瓶中。

4.15 氧化锌：基准试剂。

4.16 其他试剂

本标准还要使用氯化铵、冰乙酸、无水乙酸钠、氯化镁、无水乙醇等试剂。本标准所用试剂其纯度除有专门说明外均为分析纯。

5 准备工作

5.1 配制混合溶剂：用甲苯与正丁醇以 1∶1(体积比)混合均匀。

5.2 氯化锌标准滴定溶液或氧化锌基准溶液的配制。

5.2.1 $c(ZnCl_2) = 0.015mol/L$ 氯化锌标准滴定溶液的配制

取锌粒约 5g 放在 100mL 烧杯中，加入 19%(m/m)盐酸溶液 20mL，作用 3min 后，迅速用蒸馏水洗净残留的酸，再用无水乙醇洗两次，于 105～110℃ 的烘箱中烘 10min，取出，在干燥器中冷却 30min 后，准确称取上述锌粒 0.9807g 于 1L 容量瓶中，将此容量瓶斜置成 45° 后，加入 19%(m/m)盐酸溶液 20mL，待锌粒全部反应完后，用蒸馏水稀释至刻度。

氯化锌标准滴定溶液的实际浓度 $c(ZnCl_2)$，mol/L，按式(1)计算：

$$c(ZnCl_2) = \frac{m_1}{65.38 \times 1} \tag{1}$$

式中 m_1——锌粒质量，g；

65.38——基本单元为(Zn^{++})的 1mol 锌的质量，g/mol；

1——氯化锌溶液的体积，L。

5.2.2 $c(ZnO) = 0.015mol/L$ 氧化锌基准溶液的配制

称取于 800℃ 灼烧至恒重的基准氧化锌 1.221g，称精确至 0.0002g。加 5mL19%（m/m）盐酸溶液溶解后，移入 1L 容量瓶中，稀释至刻度，摇匀。

氧化锌基准溶液的实际浓度 $c(ZnO)$，mol/L，按式（2）计算：

$$c(ZnO) = \frac{m_2}{81.38 \times 1} \qquad (2)$$

式中　m_2——氧化锌的质量，g；

81.38——基本单元为（ZnO）的 1mol 氧化锌的质量，g/mol；

1——氧化锌基准溶液的体积，L。

5.3　$c(EDTA) = 0.015$mol/L 标准滴定溶液的配制

称取乙二胺四乙酸二钠 5.6g 加热溶于 1L 蒸馏水中，待全部溶解后摇匀。用上述氯化锌标准滴定溶液（5.2.1）或氧化锌基准溶液（5.2.2）进行标定。标定时，用移液管移取上述溶液（5.2.1 或 5.2.2）20mL 于 250mL 三角烧瓶中，加甲基橙指示液 1 滴，用 4%（m/m）氨水溶液中和溶液至黄色，再用 7%（m/m）盐酸溶液调至呈红色，加入 pH 为 5.5 的乙酸-乙酸钠缓冲溶液 10mL，二甲酚橙指示剂约 20mg，用待标定的 EDTA 溶液将溶液由红色滴定至黄色。

EDTA 标准滴定溶液的实际浓度 $c(EDTA)$，mol/L，按式（3）计算：

$$c(EDTA) = \frac{c \times 20}{V_1} \qquad (3)$$

式中　c——氯化锌标准滴定溶液（或氯化锌基准溶液）的实际浓度，mol/L；

20——所取氯化锌标准滴定溶液（或氧化锌基准溶液）的体积，mL；

V_1——滴定时所消耗 EDTA 溶液的体积，mL。

5.4　$c(MgCl_2) = 0.015$mol/L 氯化镁标准滴定溶液的配制

称取六水氯化镁（$MgCl_2 \cdot 6H_2O$）3.1g 用蒸馏水溶解后，稀释成 1L。用上述 EDTA 标准滴定溶液进行标定。标定时，用移液管移取 EDTA 标准滴定溶液 20mL 于 250mL 三角烧瓶中，加入甲基橙指示液 1 滴，用 4%（m/m）氨水溶液中和溶液至刚呈黄色，加入 pH 为 10 的氨-氯化铵缓冲溶液 10mL，铬黑 T 指示剂约 20mg，用待标定浓度的镁溶液将溶液滴定至灰紫色。

氯化镁标准滴定溶液的实际浓度 $c(MgCl_2)$，mol/L，按式（4）计算：

$$c(MgCl_2) = \frac{c(EDTA) \times 20}{V_2} \qquad (4)$$

式中　$c(EDTA)$——EDTA 标准滴定溶液的实际浓度，mol/L；

V_2——滴定时所消耗的氯化镁溶液的体积，mL；

20——所取 EDTA 标准滴定溶液的体积，mL。

5.5 pH 为 5.5 的乙酸-乙酸钠缓冲溶液：取无水乙酸钠 200g，冰乙酸 9mL，用蒸馏水稀释至 1L。

5.6 pH 为 10 的氨-氯化铵缓冲溶液：取氨水 570mL，加入氯化铵 67g，用蒸馏水稀释至 1L。

5.7 50g/L 铜试剂溶液：取铜试剂 5g 于 250mL 烧杯中，加水 95mL，加热（勿沸）溶解。如有不溶物时，用中速定性滤纸过滤后再使用。

6 试验步骤

6.1 在 100mL 小烧杯中，按表 1 规定称取试样（精确至 0.01g），加入混合溶剂 30mL，搅拌均匀后移入 300mL 分液漏斗中，再用 50mL 混合溶剂分三次洗涤烧杯，洗涤液一并加入上述分液漏斗中。

表1 试样的用量

锌含量/%（m/m）	试样用量/g	锌含量/%（m/m）	试样用量/g
0.02~0.1	20~25	>0.4~0.8	5~10
>0.1~0.4	15~20	>0.8~1.2	2~3

6.2 向分液漏斗中加入 30mL7%（m/m）盐酸溶液，将其在振荡器上振荡 10min，取下。静置分层后，将下层酸液放至 250mL 的容量瓶中，先用约 40mL 热蒸馏水（70~80℃）洗漏斗中试样一次，再用 5mL7%（m/m）盐酸溶液及约 40mL 热蒸馏水洗漏斗一次，这两次洗涤均应将分液漏斗置于振荡器上，振荡 5min。再向分液漏斗中加入热蒸馏水 20mL，用振荡器再振荡 1min。上述三次洗涤后的洗涤液合并加入 250mL 容量瓶中，用水稀释至刻度，待用。

6.3 锌含量测定

6.3.1 从上述 250mL 容量瓶中，吸取 50mL 试液于 250mL 三角烧瓶中，加入甲基橙指示液 1 滴，先用氨水将溶液调至黄色，再用 7%（m/m）盐酸溶液调至微红色，加入乙酸-乙酸钠缓冲溶液 10mL，二甲酚橙指示剂约 20mg，用已知浓度的 EDTA 标准滴定溶液滴定至溶液由红色变为黄色。

6.3.2 试样中锌的含量 X_1[%（m/m）]，按式（5）计算：

$$X_1 = \frac{c(\text{EDTA}) \times V_3 \times 0.06538 \times 5}{m} \times 100$$

$$= \frac{c(\text{EDTA}) \times V_3 \times 32.69}{m}$$

(5)

式中 $c(\text{EDTA})$——EDTA 标准滴定溶液的实际浓度，mol/L；

   V_3——滴定时所消耗的 EDTA 标准滴定溶液的体积，mL；

   m——试样的质量，g；

  0.06538——1.00mL EDTA 标准滴定溶液 $[c(\text{EDTA}) = 1.000\text{mol/L}]$ 相当的以克表示的锌的质量。

6.4 钙含量测定

6.4.1 从上述 250mL 容量瓶中，另取 50mL 试液于 100mL 烧杯中，加甲基橙指示液 1 滴，先用氨水将溶液调至橙色，再用 4%(m/m) 氨水溶液将溶液调至黄色，后加 50g/L 铜试剂溶液 5mL(如无锌，省去此步)，20g/L 硫酸钾溶液 5mL(如无钡，省去此步)，再加热至 80℃ 左右，冷却 40min 后用中速定性滤纸将溶液过滤入 250mL 三角烧瓶中，烧杯及滤纸用热蒸馏水(60~70℃)洗三至四次，洗涤液一并加入三角烧瓶中。

6.4.2 滤液中加孔雀石绿指示液 1 滴，用 100g/L 氢氧化钠溶液将滤液调至由蓝色变绿直至无色。

6.4.3 加入钙指示剂约 0.1g，摇匀后再加入 $c(\text{MgCl}_2) = 0.015\text{mol/L}$ 氯化镁标准滴定溶液 5mL，然后用已知浓度的 EDTA 标准滴定溶液滴定至溶液由红色变为蓝色。

6.4.4 试样中钙的含量 $X_2[\%(\text{m/m})]$，按式(6)计算：

$$X_2 = \frac{c(\text{EDTA}) \times V_4 \times 0.0408 \times 5}{m} \times 100$$

$$= \frac{c(\text{EDTA}) \times V_4 \times 20.04}{m}$$

(6)

式中 $c(\text{EDTA})$——EDTA 标准滴定溶液的实际浓度，mol/L；

   V_4——滴定时所消耗的 EDTA 标准滴定溶液的体积，mL；

   m——试样的质量，g；

  0.0408——与 1.00mL EDTA 标准滴定溶液 $[c(\text{EDTA}) = 1.000\text{mol/L}]$ 相当的以克表示的钙的质量。

6.5 钡含量测定

6.5.1　测定钡含量时，要先测定钡、钙的总量，再减去钙含量而求出钡含量。

6.5.2　从上述 250mL 容量瓶中，取 50mL 试液于 100mL 烧杯中，加甲基橙指示液 2 滴，先用氨水将溶液调至橙色，再用 4%（m/m）氨水溶液将溶液调至黄色，后加 50g/L 铜试剂溶液 5mL（如无锌，可省去此步），试液加热至 80℃左右，冷却后用中速定性滤纸将溶液滤入 250mL 三角烧瓶中，烧杯及滤纸用热蒸馏水（60~70℃）洗三至四次，洗涤液一并加入三角烧瓶中。

6.5.3　滤液中依次加入氨−氯化铵缓冲溶液 10mL，已知浓度的 EDTA 标准滴定溶液 20~35mL 和铬黑 T 指示剂约 50mg。此时溶液呈蓝色。

6.5.4　用 $c(MgCl_2) = 0.015mol/L$ 氯化镁标准滴定溶液返滴定过量的 EDTA 标准滴定溶液，溶液由蓝绿色变为灰紫色时为滴定终点。

6.5.5　试样中钡的含量 $X_3[\%(m/m)]$，按式（7）计算：

$$X_3 = \frac{[c(EDTA) \times (V_5 - V_4) - c(MgCl_2) \times V_6] \times 0.1374 \times 5}{m} \times 100$$

$$= \frac{[c(EDTA) \times (V_5 - V_4) - c(MgCl_2) \times V_6]}{m} \times 68.7 \tag{7}$$

式中　$c(EDTA)$——EDTA 标准滴定溶液的实际浓度，mol/L；

　　　V_5——加入的 EDTA 标准滴定溶液的体积，mL；

　　　V_4——在 6.4.3 钙含量测定时所用 EDTA 标准滴定溶液的体积，mL；

　$c(MgCl_2)$——氯化镁标准滴定溶液的实际浓度，mol/L；

　　　V_6——返滴定时所消耗的氯化镁标准滴定溶液的体积，mL；

　　　m——试样的质量，g；

　0.1374——与 1.00mL EDTA 标准滴定溶液[$c(EDTA) = 1.000mol/L$]相当的以克表示的钡的质量。

表 2　精密度　　　　　　　　　　　　　　　　　%（m/m）

测量元素	含　量	重　复　性	再　现　性
锌	≤0.05	0.003	0.006
	>0.05~0.2	0.008	0.10
	>0.2~0.8	0.012	0.30
	>0.8~1.2	0.05	0.10

测量元素	含 量	重 复 性	再 现 性
钙	≤0.05	0.003	0.05
	>0.05~0.2	0.009	0.013
	>0.2~0.8	0.20	0.036
	>0.8~1.2	0.03	0.05
钡	≤0.05	0.015	0.020
	>0.05~0.2	0.025	0.035
	>0.2~0.8	0.04	0.09
	>0.8~1.3	0.10	0.16
	>1.3~3.2	0.13	0.36

7 精密度

用下述规定判断试验结果的可靠性(95%置信水平)。

7.1 重复性

同一操作者重复测定两个结果之差不应大于表2所列数值。

7.2 再现性

由两个不同实验室提出的测定结果之差不应大于表2所列数值。

8 报告

取重复测定两个结果的算术平均值,作为测定结果。

附录7 《曲轴箱模拟试验方法(QZX法)》(SH/T 0300—1992)

1 主题内容与适用范围

本标准规定了用曲轴箱模拟试验机评定内燃机油热氧化安定性的具体方法。

本标准适用于评定添加剂和含添加剂内燃机油的热氧化安定性,是科研工作中评选清净剂、抗氧抗腐剂和油品复合配方的一种模拟试验方法。

2 引用标准

GB 1470 铅及铅锑合金板

GB 1922 溶剂油

SH 0114 航空洗涤汽油

3 方法概要

本标准是使含添加剂内燃机油飞溅到高温金属表面形成漆膜，以此模拟曲轴箱油在活塞工作时的成漆情况，并用在试验机油箱内挂铅片的方法模拟曲轴箱油在气液相氧化状态下对发动机零部件的腐蚀。通过测定金属板上的漆膜评级和胶重，考察油品的热氧化安定性。

将 250mL 试油在规定条件下，在模拟试验机内运行 6h 后，考察形成漆膜和成胶情况。

4 仪器、材料和试剂

4.1 仪器

4.1.1 曲轴箱模拟试验仪器：见附录 A。

4.1.2 分析天平：称量为 2009，感量为 0.0001g。

4.1.3 干燥器。

4.1.4 量杯：250mL。

4.1.5 洗瓶。

4.2 材料

4.2.1 铝板：90mm × 40mm × 8mm，成漆有效面积为 2400mm^2（80mm × 30mm）。

4.2.2 铅片：Pb-2 符合 GB 1470 要求，直径为 24.5mm，厚度为 1mm，中心孔径为 4.5mm。

4.2.3 砂纸：0 号。

4.2.4 洗涤汽油：符合 GB 1922 中 90 号或 SH 0114 要求。

4.3 试剂

4.3.1 石油醚：60~90℃，分析纯。

4.3.2 盐酸：比重 1.19，分析纯，配制 13%（m/m）盐酸溶液。

5 标准色板

5.1 标准色板分为 1~10 级（见图），用以表明覆盖在铝板面上的漆膜和积炭的不同程度。如铝板面上所生成的漆膜不是正好符合于任何一种标准色板，而是介于邻近的两级标准色板之间，则评定到 0.5 级。

5.1.1 漆膜判断

漆膜评级见下表。

评　级	文　字　描　述	评　级	文　字　描　述
1	试板本色或光亮彩色花纹	6	棕色带有部分深棕色
2	淡黄色漆膜	7	深棕色部分褐色
3	浅棕色局部带有黄色	8	大部分褐色带轻微黑色
4	浅棕色或带轻微棕色	9	大部分黑色局部深褐色
5	大部分棕色带轻微深棕色	10	黑色，光亮黑色或炭黑色

5.1.2 积炭加级

上述试板上积炭面积每增加到五分之一时加一级，不足五分之一时加半级。

6 准备工作

6.1 试片准备

6.1.1 铝板：将砂纸放置在平面上，纵向打磨铝板工作面至光亮。用脱脂棉将试板在石油醚中擦洗干净。取出放在滤纸上晾干后，置于干燥器内备用（要检查插热电偶小孔有无溶剂及杂质）。

6.1.2 铅片：选取两枚表面无缺陷，厚薄均匀的铅片，放入 13%（m/m）盐酸溶液中处理 15~20min 后取出，用自来水冲洗至中性，用滤纸吸干，并用麂皮抛光（抛光包括铅片内孔及边缘），刻号，再用脱脂棉在石油醚中洗干净。放在滤纸上晾干后，置于干燥器中备用。

6.2 仪器的洗涤

油箱在使用前应用洗涤汽油清洗干净，并吹干。

6.3 仪器的校验

用参考油（见附录 B）以 310℃ 或 320℃ 板温对试验仪器进行校验，校验结果应符合参考油的公称评级和胶重的规定范围。当校验结果超过参考油公称评级和胶重范围时，应检查或调节仪器，直至取得满意结果为止。

6.4 必须仔细检查电路系统有无漏电、断路、短路现象。所有接地应良好。

6.5 检查溅油器上的两片风叶，应使其吹向电动机使之冷却。

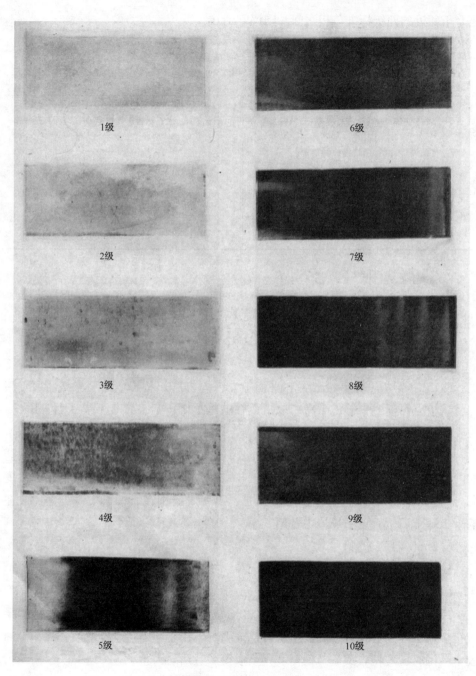

1级

6级

2级

7级

3级

8级

4级

9级

5级

10级

曲轴箱模拟试验法评级标准色板

7 试验步骤

7.1 将洁净并干燥好的铝板和铅片称精确至 0.0005g 记录数值。

7.2 仪器安装

7.2.1 关闭放油考克，取试油 250mL，注入油箱。

7.2.2 用玻璃挂钩挂好铅片使铅片 2/3 浸入油中。

7.2.3 将垫片放在油箱板框上[注]放好铝板，盖好加热板，扭紧丝杆，插好热电偶，必须使热电偶元头与铝板孔的顶端紧密接触。

注：可用两个 0.5mm 的垫片放在油箱的板框上，一般均可避免漏油。

7.3 启动电机，先加热油，当油温达到 100℃±5℃ 时，再加热板温。应在 0.5h 内使油温达到 150℃±2℃，板温达到试验温度（310℃或32℃或330℃）开始计时。

7.4 严格控制试验温度在 2℃ 范围内，并要每 30min 记录温度一次。

7.5 试验进行 6h，立即停止自动控制系统及电机，切断总电源。

7.6 逆安装次序拆开模拟器，用头上带有脱脂棉的镊子，小心取出铝板和铅片，必须让试板和试片自然冷却至室温。用装有石油醚的洗瓶自上顺流轻轻冲洗铝板至石油醚无色为止。用头上带有脱脂棉的镊子夹紧铅片用脱脂棉在石油醚中擦洗，擦掉铅片上的油污和沉积物。将铝板和铅片均放在滤纸上晾干，置于干燥器中 30min 后，进行称重，称精确至 0.0005g，记录数值（检查铝板插热电偶小孔有无溶剂和杂质）。

7.7 待油箱冷却后，用洗涤汽油洗净。

8 结果报告

8.1 评级：参照标准色板进行评级，评至 0.5 级。

8.2 胶重：铝板重量的增值为胶重，以 mg 表示。

8.3 报告试验结果时要标明板温。

9 精密度

9.1 评级的重复性：同一试油，由同一操作人员在同一仪器上重复测定两次的结果的差数不得超过 0.5 级。

9.2 胶重的重复性：同一试油，由同一操作人员在同一仪器上重复测定两次的结果与其算术平均值的差不得超过下述数值。

胶重小于或等于10mg，不大于1.5mg。

胶重大于10~30mg，不大于3mg。

胶重大于30mg，不大于5mg。

注：腐蚀指铅片的失重，以毫克表示。

腐蚀的重复性尚未取得可靠数据。根据现有资料下述腐蚀试验重复性数值，只能作为参考。重复测定两次的结果与其算术平均值的差不超过下述数值。

小于或等于10mg，不大于2mg。

大于10~25mg，不大于3mg。

大于25~100mg，不大于8mg。

大于100mg，不大于15mg。

附录 A　曲轴箱模拟试验仪器(补充件)

A1　曲轴箱模拟试验仪器是由模拟器和温度控制器组成。

A2　模拟器包括油箱、溅油棒、加热板和电动机等主要部件。

模拟器示意图：见图 A1。

油箱：见图 A2。

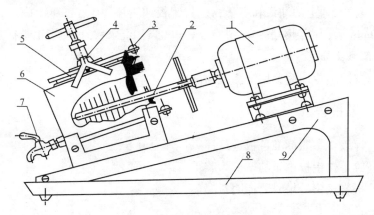

图 A1　模拟器示意图

1—电机；2—溅油棒；3—加热器；4—固紧装置；5—铝板；6—油箱；7—放油阀；8—油箱底盘；9—底座

溅油棒：在铝合金棒(ϕ8mm)上装有三行 8 排不锈钢丝(ϕ0.3mm)每排间距 8mm，每行角度120°(见图 A3)。

加热板：板温加热丝用600W、热电偶 EA-2，油温加热待用450W，热电偶

166

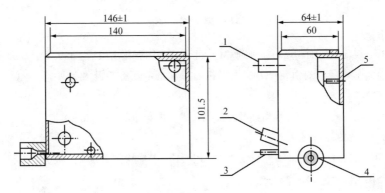

图 A2　油箱

1—进油管；2—温度计套；3—热电偶；4—放油口；5—吊钩

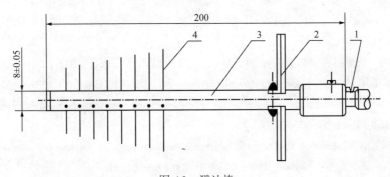

图 A3　溅油棒

1—电机轴；2—风扇叶；3—溅油轴；4—油丝

EA-2。

A3　温度控制器：能控制到本方法规定要求的±2℃范围内的任何仪表，XCT-191 型动圈式指示调节仪 0～300℃和 0～600℃各一台。

附录 B　仪器校验用参考油(补充件)

B1　参考油组成

11 号基础油+3%T108+0.5%T202

B2　参考油的评级和胶重的公称值：由标准管理机构指定的单位测试结果的平均值，由配制参考油单位随油提供。

参 考 文 献

[1] 张景河. 现代润滑油与燃料添加剂[M]. 北京：中国石化出版社，1992：1-82.

[2] 姚文钊，李建民，刘雨花，等. 内燃机油添加剂的研究现状及发展趋势[J]. 润滑油，2007，22(3)：1-4.

[3] 付兴国，孟言俊，马安. 润滑油及添加剂技术进展与市场分析[M]，北京：石油工业出版社，2004：228-294.

[4] Leslie R. Rudnick. 润滑油添加剂化学与应用[M]. 李华峰，李春风，赵立涛，等译. 北京：中国石化出版社，2006：81-90.

[5] 付兴国，匡奕九，曹镭. 高碱性金属清净剂的发展[J]. 现代化工，1995(2)：24-27.

[6] 付兴国，匡奕九，曹镭. 金属清净剂研究的最新进展[J]. 润滑油，1994，9(5)：43-46.

[7] Hudson L K，Eastoe J，Dowding P J. Nanotechnology in action：Overbased nanodetergents as lubricant oil additives [J]. Advances in Colloid and Interface Science，123 – 126 （2006）：425-431.

[8] 许汉立. 内燃机润滑油产品与应用[M]. 北京：中国石化出版社，2005：203-212.

[9] Fyfe K E. High fuel economy passenger car engine oil：USP，5906969[P]. 1999-05-25.

[10] Ripple D E. Oil additive package useful in diesel engine and transmission lubricants：USP，5328620[P]. 1994-07-12.

[11] Bloch R A，Lapinas A T，Outten E F，et al. Crankcase lubricant for modern heavy duty diesel and gasoline fueled engines：USP，6004910[P]. 1999-12-21.

[12] Locke C J，MacDonald I P. Lubricating oil compositions：USP，6423670[P]. 2002-07-23.

[13] 伏喜胜，姚文钊，张龙华，等. 润滑油添加剂的现状及发展趋势[J]. 汽车工艺与材料，2005(5)：1-6.

[14] 姚文钊，薛卫国，刘雨花，等. 低硫酸盐灰分、低磷和低硫发动机油添加剂发展现状及趋势[J]. 润滑油，2009，24(1)：48-53.

[15] 刘文君，徐延齐，姜立军. 国内外润滑油添加剂市场概况及发展[J]. 齐鲁石油化工，2004，32(2)：112-114.

[16] 姚文钊，刘雨花，魏存荣. 复合金属型清净剂的制备及性能研究[J]. 纳米科技，2006，3(2)：17-20.

[17] 姚文钊，刘雨花，华秀菱，等. 钙镁钠复合金属型清净剂的基本性能与应用研究[J]. 润滑油，2008，23(4)：43-47.

[18] Bakunin V N，Suslov A Y，Kuzmina G N，et al. Synthesis and application of inorganic nanoparticles as lubricant components-a review[J]. Journal of Nanoparticle Research，2004，（6）：273-284.

[19] ZHANG Jing-he, FU Xing-guo. Study of the unique neutralization behaviours of various over-based magnesium salts as lubricating oil detergents[A]. Proceedings of the international tribology conference[C]. Japan: Yokohama. 1995: 765-770.

[20] 付兴国, 匡奕九, 曹镭. 润滑油清净剂胶体结构与性能关系的研究[J]. 石油炼制与化工, 1996, 27(3): 58-63.

[21] 姚文钊, 刘维民, 付兴国. 纳米级润滑油清净剂的结构与性能关系研究[J]. 润滑与密封, 2005, 172 (6): 79-83.

[22] Roman J P, Hoornaert P, Faure D, et al. Formation and structure of carbonate particles in reverse microemulsion[J]. J Colloid Interface Sci, 1991, 144 (2): 324-339.

[23] 石油化工科学研究院 701 组. 磺酸盐添加剂的结构分析[J]. 石油炼制, 1980, (6): 40-50.

[24] 刘彬彬. 超高碱值环烷酸镁胶体粒子微观结构的研究[J]. 石油与天然气化工, 1996, 5 (2): 67-69.

[25] 鲁静, 苏克曼, 严正泽, 等. 石油磺酸盐类清净分散剂的组成和结构分析[J]. 润滑油, 1996, 11(3): 44-48.

[26] 张峥, 韦刚, 苏克曼, 等. 过碱度重烷基苯磺酸钙清净剂烃基结构的研究[J]. 精细石油化工, 2002, (2): 19-22.

[27] O'Sullivan T P, Vickers M E, Heenan R K. Characterization of oil-soluble calcium carbonate dispersions using small-angle X-ray scattering (SAXS) and small-angle neutron scattering (SANS)[J]. Journal of Applied Crystallography, 1991, 24 (5): 732-739.

[28] Markovic I, Ottewill R H, Cebula D J, et al. Small angle neutron scattering studies on non-aqueous dispersions of calcium carbonate. part I. the guinier approach[J]. Colloid and Polymer Science, 1984, 262(8): 648-656.

[29] Markovic I, Ottewill R H. Small angle neutron scattering studies on nonaqueous dispersions of calcium carbonate. part 2. determination of the form factor for concentric spheres[J]. Colloid and Polymer Science, 1986, 264(1): 65-76.

[30] Markovic I, Ottewill R H. Small angle neutron scattering studies on non-aqueous dispersions of calcium carbonate. part III. Concentrated dispersions[J]. Colloid and Polymer Science, 1986, 264(5): 454-462.

[31] Ottewill R H, Sinagra E, MacDonald I P, et al. Small-angle neutron-scattering studies on nonaqueous part 5: magnesium carbonate dispersions in hydrocarbon media[J]. Colloid and Polymer Science, 1992, 270(6): 602-608.

[32] Mishunina I I, Romanyutina L V, Fialkovskii R V, et al. Electron microscope studies of over-based sulfonates with various cations[J]. Chemistry and Technology of Fuels and Oils, 1982, 18(7-8): 369-371.

[33] 陈恒馥，张景河，陈明霞，等. 润滑油清净剂胶体结构冷冻蚀刻电镜观测研究[J]. 西安石油学院学报，1993，8(2)：58-64.

[34] 周亚斌，蒋生祥. X-ray 光电子能谱研究烷基水杨酸盐金属清净剂中金属化合物的存在形式[J]. 石油炼制与化工，2007，38(12)：54-57.

[35] 梁生荣，张君涛，何力，等. 润滑油金属清净剂中碳酸盐含量的测定方法[J]. 石油炼制与化工，2005，36(8)：65-68.

[36] Bearchell C A, Heyes D M. Molecular modelling studies of calcium carbonate and its nanoparticles[J]. Molecular Simulation, 2002, 28(6-7)：517-538.

[37] Cizaire L, Martin J M, Le M T, et al. Chemical analysis of overbased calcium sulfonate detergents by coupling XPS, ToF-SIMS, XANES, and EFTEM[J]. Colloids and Surfaces A：Physicochemical and Engineering Aspects, 2004, 238(1-3)：151-158.

[38] 孙枫，徐宏坤，宋美卿. 清净剂晶型分布对碱值分析的影响[J]. 润滑油，2005，20(5)：35-37.

[39] Cunningham I D, Courtois J P, Timothy N, et al. Synthesis and characterisation of calixarene-stabilised calcium carbonate overbased detergents [J]. Colloids and Surfaces A：Physicochemical and Engineering Aspects, 2003, 229(1-3)：137-147.

[40] 徐先盛. 中国石油添加剂大全[M]. 辽宁：大连出版社，1999：15-18.

[41] 朱王步瑶，赵振国. 界面化学基础[M]. 北京：化学工业出版社，1996：105.

[42] 张大华. 内燃机油沉积物生成趋势研究进展[J]. 润滑与密封，2007，32(1)：185-188.

[43] 候祥麟. 中国炼油技术[M]. 北京：中国石化出版社，2001：514-523.

[44] 李群芳，姚文钊，付兴国. 润滑油金属清净剂(钙盐)的抗磨作用概述[J]. 润滑油，2001，16(1)：54-57.

[45] Noriyuki N, Gen O, Takashi K, et al. Mechanism for the needle crystal formation from magnesium detergents in engine oils[J]. JSAE Review, 1996, 17(2)：121-125.

[46] Hone D C, Robinson B H, Steytler D C, et al. Mechanism of acid neutralization by overbased colloidal additives in hydrocarbon media[J]. Langmuir, 2000, 16(2)：340-346.

[47] Giasson S, Espinat D, Palermo T, et al. Small angle X-Ray scattering (SAXS) on calcium sulfonate dispersions：effects of friction on microstructure[J]. Journal of Colloid and Interface Science, 1992, 153(2)：355-367.

[48] Najman M, Kasrai M, Bancroft G M, et al. Combination of ashless antiwear additives with metallic detergents：interactions with neutral and overbased calcium sulfonates[J]. Tribology International, 2006, 39(4)：342-355.

[49] Topolovec-Miklozic K, Forbus T R, Spikes H. Film forming and friction properties of overbased calcium sulphonate Detergents[J]. Tribol Lett, 2008, (29)：33-44.

[50] Costello M T, Riff I I. Study of hydroforming lubricants with overbased sulfonates and friction

modifiers[J]. Tribology Letters, 2005, 20(3-4): 201-208.

[51] Cizaire L, Martina J M, Gresser E, et al. Tribochemistry of overbased calcium detergents studied by ToF-SIMS and other surface analyses[J]. Tribology Letters, 2004, 17(4): 715-721.

[52] 张建华, 杜大昌, 刘菲菲, 等. 钙、镁型发动机油复合剂的抗磨性能[J]. 润滑与密封, 2001, (3): 21-22.

[53] 史佩京, 许一, 徐滨士, 等. 高碱值磺酸镁清净剂的摩擦学性能研究. 精细石油化工, 2004, (2): 20-22.

[54] 陈文君, 文庆珍, 李金玉. 油酸镁的制备及抗磨性能研究[J]. 润滑与密封, 2007, 32 (6): 93-95.

[55] 万勇, Kasrai M, Bancroft G M. 高碱值硫化烷基酚钙盐摩擦膜的 XANES 研究[J]. 真空科 学与技术学报, 2009, 29(1): 78-81.

[56] Giasson S, Palermo T, Buffeteau B, et al. Study of boundary film formation with overbased cal- cium sulfonate by PM-IRRAS spectroscopy[J]. Thin Solid Films, 1994, 252(2): 111-119.

[57] Kubo T, Fujiwara S, Nanao H, et al. Boundary film formation from overbased calcium sulfonate additives during running-in process of steel-DLC contact[J]. Wear, 2008, 265(3-4): 461-467.

[58] Kubo T, Fujiwara S, Nanao H, et al. TOF-SIMS analysis of boundary films derived from calcium sulfonates[J]. Tribology Letters, 2006, 23(2): 171-176.

[59] Chinas-Castillo F, Spikes H A. Film formation by colloidal overbased detergents in lubricated contacts[J]. Tribology Transactions, 2000, 43(3): 357-366.

[60] Costello M T, Kasrai M. Study of surface films of overbased sulfonates and sulfurized olefins by X-Ray Absorption Near Edge Structure (XANES) spectroscopy[J]. Tribology Letters, 2006, 24(2): 163-169.

[61] Costello M T, Urrego R A. Study of surface films of the ZDDP and the MoDTC with crystalline and amorphous overbased calcium sulfonates by XPS[J]. Tribology Transactions, 2007, 50 (2): 217-226.

[62] 颜皓, 梁海萍, 张法智. 高碱值硫化烷基酚钙抗磨机制分析[J]. 润滑与密封, 2007, 32 (9): 100-102.

[63] 訾立钧, 陈锡功. 硼化磺酸盐添加剂的研制及性能评定[J]. 润滑油, 1998, 13(1): 40-46.

[64] Normand V, Martin T M, Ponsonnet L, et al. Micellar calcium borate as an antiwear additive [J]. Tribology Letters, 1998, (5): 235-242.

[65] 袁洋, 段天平, 杨生荣, 等. 高碱值(性)硼化磺酸盐清净剂的研究应用[J]. 润滑与密 封, 2002, (2): 44-47.

[66] 徐小红，付兴国. 高碱值硼化烷基水杨酸镁的研制及性能评定[J]. 润滑油，2000，15（2）：47-49.

[67] 李仙粉，任福民，许兆义，等. 柴油清净剂改善柴油机有害排放的研究[J]. 石油学报（石油加工），2002，18(6)：84-88.

[68] 谢诚冰，袁晓东，郭和军. 柴油清净剂的研究进展[J]. 清洗世界，2007，23(04)：28-31.

[69] 俞巧珍，刘枫林. 国内外润滑油添加剂产业概况[J]. 石油商技，2010，（1）：8-12.

[70] 孔劲媛. 国内外润滑油基础油市场分析及展望[J]. 国际石油经济，2009，（10）：49-53.

[71] 孔劲媛，王昭，张蕾. 我国润滑油暨基础油市场现状与发展预测[J]. 润滑油，2016，34（5）：1-5.

[72] 高辉. 全球及中国润滑油市场概述[J]. 润滑油，2014，29(3)：6-10.

[73] 钱铮，张海兵，颜桂珍. 制备高碱值石油磺酸钙清净剂的旋转填充床和搅拌鼓泡釜工艺比较[J]. 石油学报（石油加工），2009，25(6)：861-867.

[74] 高秀芬. 高碱性合成磺酸镁清净剂的研制[J]. 润滑油，1995，8(6)：28-33.

[75] 姜建卫，雷宁红. 润滑油馏分的磺化和酸精制工艺研究[J]. 精细石油化工，2002，（6）：8-10.

[76] 孟明扬，马瑛，谭立哲，等. 磺化新工艺与设备[J]. 精细与专用化学品，2004，12（12）：8-10.

[77] Dickey C R. Overbased magnesium sulfonate process：USP，3761411[P]. 1973-9-12.

[78] Dickey C R. A process for preparing overbased alkaline earth metal，particularly magnesium lubricant additives，and a process for determining the critical carbonation rate for such process：EP，0005337[P]. 1979-11-14.

[79] Sabol A R. Process for the manufacture of overbased magnesium sulfonates：USP，4137186[P]. 1979-1-30.

[80] Sabol A R，Petrille D G.，Heffern E W. Method of preparing overbased magnesium sulfonates：USP，4201682[P]. 1980-5-6.

[81] Muir R J. Succinic anhydride promoter overbased magnesium sulfonates and oils containing same：USP，4647387[P]. 1987-3-3.

[82] Marsh J F，Vernet M R M，Hamey G W. Overbased magnesium sulphonate composition：USP，5089155[P]. 1992-2-18.

[83] Cleverley J A，Wardle R A，Swietlik J M，et al. Preparation of overbased magnesium sulphonates：USP，5534168[P]. 1996-7-9.

[84] Cease V J，Kirk G R. Preparation of overbased magnesium sulfonates：USP，4148740[P]. 1979-4-10.

[85] Van Zon A. Process for the preparation of a basic salt，such a salt and lubricating oil composi-

tions containing such a salt：EP，0248465［P］.1987-11-22.

［86］亚当斯 C J，道丁 P J. 过碱性金属磺酸盐清净剂：中国，200810165981. X［P］.2008-10-06.

［87］段连春. 低碱值合成磺酸钙的开发研制［J］. 辽宁化工，2007，38(1)：43-46.

［88］Fialkovskii R V，Romanyutina L V，Korbut L F，et al. Synthesis and effectiveness of overbased magnesium and calcium petroleum sulfonates［J］. Chemistry and Technology of Fuels and Oils，1981，17(3-4)：135-137.

［89］Fialkovskii R V，Vipper A B，Korbut L F，et al. Magnesium sulfonate additives［J］. Chemistry and Technology of Fuels and Oils，1983，19(3-4)：146-149.

［90］Celik A，Besergil B. Determination of synthesis conditions of neutral calcium sulfonate，so-called detergent-dispersant［J］. Industrial Lubrication and Tribology，2004，56(4)：226-230.

［91］Montanari L，Palmieri E，Tinucci L，et al. Molecular features of sulfonic acids used for synthesis of overbased detergent additives［J］. Lubrication Science，2006，18(3)：173-185.

［92］Besergil B，Celik A. Determination of synthesis conditions of alkali calcium sulfonate［J］. Industrial Lubrication and Tribology，2004，56(3)：188-194.

［93］Besergil B，Akin A，Celik S. Determination of synthesis conditions of medium，high，and overbased alkali calcium sulfonate［J］. Industrial and Engineering Chemistry Research，2007，46(7)：1867-1873.

［94］Rolfes A J，Jaynes S E. Process for making overbased calcium sulfonate detergents using calcium oxide and a less than stoichiometric amount of water：USP，6015778［P］.2000-01-18.

［95］Rolfes A J，Jaynes S E. Process for making overbased calcium sulfonate detergents using calcium oxide and a less than stoichiometric amount of water：USP，6268318［P］.2001-07-31.

［96］Gergel W C. Process for preparing an overbased detergent：USP，3629109［P］.1971-12-20.

［97］Skinner P，Lenack A L P. Process for preparing an overbased metal containing detergents：USP，6281179［P］.2001-8-28.

［98］段天平，薛群基，桑运超，等. 高碱值硼化石油磺酸钙硼化工艺优化研究［J］. 石油炼制与化工，2004，35(11)：70-73.

［99］Inoue K. Calcium borate overbased metallic detergent［J］. Lubrication Engineering，1993，49(4)：263-268.

［100］姜皓，曹镭. 高碱度硫化烷基酚钙添加剂(兰-115B)的合成［J］. 石油炼制，1981，(12)：38-49.

［101］姜皓，曹镭，杨德恩，等. 硫化烷基酚钙高碱度化工艺研究［J］. 石油学报(石油加工)，1992，8(3)：67-76.

［102］刘依农，付兴国，刘维民. 两种超高碱值烷基水杨酸钙的对比研究［J］. 石油学报(石油加工)，2000，16(1)：47-52.

[103] 姚文钊．超高碱值烷基水杨酸钙盐的制备与性能研究[J]．石油炼制与化工，1999，30
       （12）：6-9．

[104] 兰州炼油厂研究所．兰109烷基水杨酸钙添加剂的制备研究[J]．石油炼制，1974，
       （1）：39-44．

[105] 付兴国，牛成继，魏存荣，等．高碱度烷基水杨酸镁合成研究[J]．甘肃科学学报，
       1994，6（2）：7-12．

[106] 杜军，付兴国，魏存荣．高碱性烷基水杨酸镁性能评定及应用研究[J]．润滑油，1994，
       9（3）：19-23．

[107] 付兴国，牛成继，曹镭．烷基水杨酸盐系列产品的研制[J]．润滑油，1996，11（3）：
       38-43．

[108] 姚文钊，付兴国，李群芳．超高碱值烷基水杨酸镁盐的制备与性能研究[J]．石油炼制
       与化工，2001，32（11）：32-36．

[109] 姚文钊，汤仲平，刘雨花，等．烷基水杨酸盐作为柴油机油清净剂的性能特点研究
       [J]．润滑油，2006，21（2）：47-52．

[110] 刘依农，付兴国，刘维民．老化反应对高碱度烷基水杨酸钙胶体结构及抗磨性能的影响
       [J]．摩擦学学报，2000，20（1）：26-29．

[111] 刘依农，付兴国，刘维民．高碱度烷基水杨酸钙制备中的溶剂效应[J]．润滑油，2000，
       15（4）：16-18．

[112] 刘依农，牛彩娥，赵锁奇，等．甲醇对高碱度烷基水杨酸钙胶体结构及性能的影响
       [J]．石油化工，2001，30（10）：773-776．

[113] Johnson D. Light scattering in the study of colloidal and macromol Systerms [J].
       Int. Rev. Phys. Chem．，1993，12（1）：61-87．

[114] Jane G，Steve H，Duncan H. Oil-soluble colloidal additives [J]. Current Opinion in Colloid
       Interface Science，2000，（5）：274-279．

[115] Riegelhuth R D，Watkins R C. Measurement of microdispersed particles in overbased additives
       [J]. JIP，1972，58（562）：188-192．

[116] 姚文钊，魏存荣，付兴国．中碱值硫化烷基水杨酸钙的制备及性能研究[J]．石油炼制
       与化工，2003，33（4）：12-15．

[117] 徐燕，华伦松，王朝雨，等．超高碱值环烷酸镁研制[J]．润滑油，2003，18（5）：
       45-48．

[118] 代敏，白生军，雷兵，等．超高碱值环烷酸钙的研制[J]．应用化工，2008，37（6）：
       599-601．

[119] 代敏，欧阳斌，陈晓东．超高碱值环烷酸钙的合成及添加剂间的相互作用[J]．石油天
       然气学报，2008（8）：1-2．

[120] 姜皓，李恪，张景河，等．高碱度环烷酸镁润滑油清净剂的合成[J]．西安石油学院学

报(自然科学版)，2001，16(2)：32-35.

[121] 王凌，李群芳. 混合基质型金属清净剂的发展现状[J]. 润滑油，2001，16(4)：18-21.

[122] 丁丽芹，张景河，何力，等. 润滑油清净剂金属化工艺规律的研究进展[J]. 润滑油，2003，18(6)：13-17.

[123] Muir R J. Process for the preparation of overbased magnesium sulfonates：USP，4617135[P].1986-10-14.

[124] Muir R J, Eliades T I. Overbased magnesium deposit control additive for residual fuel oils：USP，6197075[P].2001-3-6.

[125] Muir R J. Method for producing lubricant detergents：USP，7009072[P].2006-03-07.

[126] Allain R J, Fong D W. Process for preparing overbased magnesium sulfonates：USP，4347147[P].1982-8-31.

[127] Allain R J, Fong D W. Process for preparing overbased magnesium sulfonates：USP，4306983[P].1981-12-22.

[128] 顾军慧，彭伟. 高碱石油磺酸镁的研制[J]. 润滑油，1996，11(5)：20-23.

[129] 朱海英，王桂明，陆国飞. 超高碱值石油磺酸钙的合成及应用[J]. 润滑油，2001，16(2)：46-48.

[130] 梁生荣，何力，张景河. 超碱值石油磺酸镁合成工艺研究[J]. 润滑油，2003，18(1)：51-54.

[131] 丁丽芹，张景河，何力，等. Mg盐清净剂金属化工艺的纳米化学微反应机理[J]. 石油学报(石油加工)，2009，25(1)：96-101.

[132] 罗来龙，牛春革，韩韫. 高碱值石油磺酸镁清净剂的研制与应用[J]. 新疆石油科技，2006，16(4)：63-65.

[133] 裴宏斌，曲江. 超高碱值合成磺酸镁的研制与生产[J]. 辽宁化工，2004，33(10)：568-570.

[134] 吕梅. F重烷基苯一步法制备高碱值合成磺酸钙[J]. 润滑油，2006，21(3)：25-28.

[135] 程辉杰，马建江，曹民，等. TBN400超高碱值合成磺酸钙清净剂的研制[J]. 润滑油，2006，21(5)：47-53.

[136] 张颖，田桂芝，王茹，等. 高碱值烷基苯磺酸钙的制备研究[J]. 应用化工，2006，35(11)：897-899.

[137] 郑东海，程辉杰，王发质. 超高碱性大分子合成磺酸钙清洁剂合成工艺研究[J]. 石油天然气学报，2005，27(1)：275-277.

[138] 白生军，代敏，欧阳斌，等. 超高碱值清净剂的合成过程研究[J]. 新疆石油科技，2008，18(1)：67-68.

[139] 陈新德，颜涌捷. 蜡裂解α烯烃制备高碱性烷基苯磺酸钙的研究[J]. 润滑与密封，2007，32(7)：136-139.

[140] Powers Ⅲ W J, Matthews L A. Process for preparing overbased calcium sulfonates：USP, 4929373[P]. 1990-03-29.

[141] Papke B L, Bartley, Jr Leonard S. Process for producing an overbased sulfonate：USP, 5011618[P]. 1991-04-30.

[142] Jao T C, Vaccaro J M, Matthews L A. Process for preparing improved overbased calcium sulfonate：USP, 4997584[P]. 1991-03-05.

[143] Jao T C, Vaccaro J M, Powers Ⅲ W J. Overbased calcium sulfonate：USP, 5578235 [P]. 1996-11-26.

[144] Arnold D, Fair H J, Fair L V, et al. Overbased magnesium sulfonate process：USP, 4225446[P]. 1980-09-30.

[145] Dickey C R, Williamson P M. Overbased magnesium sulfonate process：USP, 4192758 [P]. 1980-03-11.

[146] 孙向东, 孙旭东, 王庆, 等. 中碱值合成磺酸钙清净剂的合成研究[J]. 化工生产与技术, 2004, 11(3)：7-9.

[147] 孙向东, 孙旭东, 王庆, 等. 高碱性合成磺酸钙清净剂的研制[J]. 润滑与密封, 2004, 164(4)：92-94.

[148] Kocsis J A, Baumann A F, Karn J L. Process for Preparing an Overbased Detergent：USP, 20060178278[P]. 2006-08-10.

[149] 姚文钊, 刘维民, 付兴国. 表面活性剂在烷基水杨酸钙盐制备中的应用[J]. 石油炼制与化工, 2004, 35(8)：54-58.

[150] 姚文钊, 付兴国. 一种烷基水杨酸钙的制备方法：中国, 200410029720.7[P]. 2005-09-28.

[151] 姚文钊, 付兴国. 复合金属型润滑油清净剂的制备方法：中国, 02104392.2[P]. 2002-11-06.

[152] 罗来龙, 陈建峰, 毋伟, 等. 一种制备润滑油金属清净剂的方法：中国, 200710178673.6[P]. 2009-06-10.

[153] 罗来龙, 陈建峰, 钱铮, 等. 高碱值磺酸钙润滑油清净剂的制备方法：中国, 200410037885.9[P]. 2005-11-16.

[154] 白生军, 代敏, 马忠庭, 等. 超重力法合成高碱值石油磺酸钙的研究[J]. 当代化工, 2008, 37(4)：378-381.

[155] 白生军, 代敏, 韩韫, 等. 清净剂的合成工艺条件及稳定性试验研究[J]. 当代化工, 2008, 154(7)：4-6.

[156] 白生军, 代敏, 雷兵, 等. 润滑油清净剂超重力合成过程的自动化控制技术研究[J]. 润滑与密封, 2008, 33(9)：74-76.

[157] 周波. 重烷基苯磺酸合成超高碱值磺酸钙的研究[J]. 应用化工, 2007, 26(3)：

248-251.

[158] Belle C，Gallo R，Jacquet F，et al. The overbasing of detergent additives：behaviour of pro-moters and determination of factors controlling the overbasing reaction[J]. Lubrication Science，1992，4(5)：11-30.

[159] Bray U B，Dickey C R，Voorhees V. Dispersions of insoluble carbonates in oils [J]. Ind. End. Chem. Prod. Res. Dev.，1975，14(4)：295-298.

[160] 张景河. 润滑油清净分散剂金属化工艺方法的发展[J]. 石油炼制，1978(10)：44-50.

[161] Marsh J F. Colloidal lubricant additives[J]. Chemistry and Industry，1978(7)：470-473.

[162] Roman J P，Hoornaert P，Faure D，et al. Formation and st ructure of carbonate particles in reverse microemulsion [J]. Journal of Colloid and Interface Science，1991，144（2）：324-339.

[163] Bandyopadhyaya R，Kumar R，Gandh K S. Modelling of CaCO3 nanoparticle formation during overbasing of lubricating oil additives[J]. Langmuir，2001，17(4)：1015-1029.

[164] 张景河，丁丽芹，何力，等. 润滑油清净剂金属化反应机理的新概念[J]. 石油学报(石油加工)，2006，22(1)：54-59.

[165] 梁生荣，张君涛，丁丽芹，等. 润滑油金属清净剂合成机理的剖析[J]. 石油炼制与化工，2005，36(7)：50-54.

[166] Reading K. The study of lubricating oils and additives by FFRTEM [A]. Crump GB. Petroanalysis'87[C]. John Wiley Sons. 1988：239-251.

[167] 常建华，董绮功. 波普原理及解析：第2版[M]. 北京：科学出版社，2005：59-124.

[168] 肖进新，赵振国. 表面活性剂应用原理[M]. 北京：化学工业出版社，2005：127-121，429-442.

[169] 邹华生，陈江凡，陈文标. 油包水微乳液体系的稳定性分析[J]. 华南理工大学学报(自然科学版)，2008，36(3)：32-36.

[170] 李玲. 表面活性剂与纳米技术[M]. 北京：化学工业出版社，2004：104-109.

[171] 王世敏，许祖勋，傅晶. 纳米材料制备技术[M]. 北京：化学工业出版社，2002：88-93.

[172] 魏刚，黄海燕，熊蓉春. 微反应器法纳米颗粒制备技术[J]. 功能材料，2002，33(5)：471-472.

[173] 成国祥，沈锋，姚康德，等. 反相胶束微反应器特性与ZnS纳米微粒制备[J]. 功能材料，1998，29(2)：183-187.

[174] 陈文君，李干佐，周国伟，等. 作为微反应器的微乳液体系研究进展[J]. 日用化学工业，2002，32(2)：57-60.

[175] 成国祥，沈锋，张仁柏，等. 反相胶束微反应器及其制备纳米微粒的研究进展[J]. 化学通报，1997，(3)：14-19.

[176] 梁生荣, 樊君, 张君涛, 等. 润滑油清净剂金属化工艺研究进展[J]. 化工进展, 2010, 29(8): 1451-1456.

[177] 蒋明俊, 郭小川, 董浚修. 内燃机油添加剂之间相互作用的研究[J]. 润滑油, 1998, 13(6): 49-53.

[178] 张景河, 徐成东, 付兴国, 等. 润滑油清净剂胶体结构及其与性能关系的研究[Z]. 科研成果报告, 1998: 1-79.

[179] 梁生荣, 何力, 张景河. 水对超碱值石油磺酸镁合成的影响[J]. 石油炼制与化工, 2003, 34(12): 26-29.

[180] 刘依农, 付兴国, 刘维民. 高碱度烷基水杨酸钙碳酸化反应过程研究[J]. 石油学报(石油加工), 2000, 16(4): 26-30.

[181] 郝平, 黄风林, 丁丽芹. 镁盐润滑油清净剂合成机理的初步研究[J]. 西安石油大学学报(自然科学版), 2008, 23(2): 144-147.

[182] 崔正刚, 殷福珊. 微乳化技术及应用[M]. 北京: 中国轻工业出版社, 1999: 292-244.

[183] 黄建彬. 工业气体手册[M]. 北京: 化学工业出版社, 2002: 92-94.

[184] 马洪超, 袁杰, 于丽, 等. 水相和特殊介质中有序聚集体的结构、性质和应用(Ⅵ)——反相胶束/微乳液、反相溶致液晶和囊泡[J]. 日用化学工业, 2010, 40(2): 128-139.

[185] 郑建东, 杨慧慧, 温志远. TX-100反相微乳液体系稳定性的研究[J]. 应用化工, 2010, 39(5): 675-678.

[186] 王风贺, 姜炜, 夏明珠, 等. 电导法研究丙烯酰胺反相微乳液聚合体系的稳定性[J]. 分析测试学报, 2005, 24(3): 110-112.

[187] 王文清, 顾国兴. 电导法研究水/十二烷基苯磺酸钠/正戊醇/正庚烷体系反胶束和W/O型微乳液的导电机理[J]. 铀矿冶, 1997, 16(4): 252-258.

[188] 马维平, 孙洪巍, 苗芳, 等. 十六烷基三甲基溴化铵/正丁醇/环己烷/水微乳液制备纳米粉体的研究[J]. 硅酸盐通报, 2008, 27(3): 645-648.

[189] 何从林, 王伯初. W/O型微乳液相行为的分析[J]. 重庆大学学报, 2003, 26(5): 52-54.

[190] 徐寿昌. 有机化学[M]. 北京: 高等教育出版社, 1987: 286-307.

[191] 姚文钊, 刘雨花, 刘玉峰. 纳米级合成磺酸钙制备技术与产品浊度的关系研究[J]. 材料工程, 2008, 32(7): 132-136.

[192] 周相廷, 刘百年, 刘志贤. 氧化镁浆液碳化机理的研究[J]. 有色金属, 1991, 43(2): 49-54.

[193] 翟学良, 周相廷, 刘百年, 等. $Mg(OH)_2$ 的结晶性和粒度对碳酸化的影响Ⅲ碳酸化反应机理的研究[J]. 无机盐工业, 1996, (7): 7-9.

[194] 朱炳辰. 化学反应工程: 第3版[M]. 北京: 化学工业出版社, 2001: 17-21.

[195] 王箴. 化工辞典: 第2版[M]. 北京: 化学工业出版社, 1985.